設計技術シリーズ

電磁ノイズ発生メカニズムと克服法

電子機器の誤動作対策設計事例集と解説

科学情報出版株式会社

電磁ノイズ発生メカニズム

第1章
電子機器の発生するノイズとその発生メカニズム

1. はじめに	15
2. 電子機器の発生するノイズ	16
2−1　デジタル回路と放射源	16
2−2　Maxwellの方程式	18
3. 電子回路から発生するノイズの特性	21
3−1　電磁ノイズの周波数特性	21
3−2　デジタル回路動作と電磁ノイズ	21
4. まとめ	24

第2章
ノイズ対策のための計測技術

1. はじめに	29
2. EMC規格適合を評価するための規格で定められた計測手法（EMC試験）	30
2−1　エミッションの試験方法	31
2−2　エミッションレベルの限度値	34
2−3　イミュニティ試験	35
3. 製品のEMC性能向上に貢献する計測手法	36
3−1　磁界プローブを用いた近傍磁界計測	36
3−2　近傍磁界分布の測定例	38
3−3　イミュニティ評価方法	42
4. まとめ	43
付録1　CISPR（国際無線障害特別委員会）	44

付録2　放射エミッション測定用のアンテナ	45
付録3　水平偏波、垂直偏波とグラウンドプレーン表面での反射の影響	46
付録4　デシベル	47

第3章
ノイズ対策のためのシミュレーション技術

1. はじめに	51
2. 回路シミュレータとその応用	51
2－1　回路シミュレータの基本	51
2－2　回路シミュレータによるシグナルインテグリティ解析	53
2－3　回路シミュレータによるEMI解析	54
3. 電磁界シミュレータ	57
3－1　電磁界シミュレータの基本原理	57
3－2　時間領域解析手法	60
3－3　周波数領域での解析手法	63
4. EMC設計におけるシミュレーションの役割	67
5. むすび	68

第4章
電子機器におけるノイズ対策手法

1. はじめに	73
2. 基板を流れる電流	74
3. ディファレンシャルモード電流に起因するノイズ抑制対策Ⅰ　―信号配線系―	76
4. ディファレンシャルモード電流に起因するノイズ抑制対策Ⅱ　―電源供給系―	80
5. コモンモード電流に起因するノイズ抑制対策	83
6. むすび	86

電磁ノイズを克服する法

第5章 静電気
帯電人体からの静電気放電とその本質

1. はじめに　　93
2. IEC静電気耐性試験法と帯電人体ESD　　95
3. 放電特性の測定法　　99
   3–1　放電電流測定法と等価回路　　99
   3–2　数値計算法　　102
4. 放電電流と放電特性　　104
5. おわりに　　109

第6章 電波暗室とアンテナ
EMI測定における試験場所とアンテナ

1. オープン・テスト・サイトと電波暗室　　115
   1–1　オープン・テスト・サイト　　115
      1–1–1　オープン・テスト・サイトの条件　　116
   1–2　電波暗室　　119
   1–3　放射妨害波測定における試験結果の相関問題　　120
2. 放射妨害電界強度測定とアンテナ係数　　123
   2–1　アンテナ係数　　123
   2–2　アンテナ係数の地上高さへの依存性　　126
   2–3　アンテナ係数の校正方法　　128
      2–3–1　平均化アンテナ係数　　132
3. 広帯域アンテナによる電界強度測定　　134
   3–1　広帯域アンテナの種類　　134
   3–2　広帯域アンテナの使用条件　　135

4. サイト減衰量　139
　4－1　NSA と CSA　139
　4－2　ハイト・パターン　141
　4－3　広帯域アンテナによるサイト減衰量の測定　143
5. アンテナ校正試験用サイト　144
　5－1　CISPR 16-1-5 による CALTS の条件　144
　5－2　標準ダイポール・アンテナ　145
　5－3　サイト減衰量の測定　145
6. 放射妨害波測定における試験テーブルの影響　147
7. 1GHz 以上の周波数帯域での測定　148
　7－1　1GHz 以上の周波数帯域での試験場所　151
8. 磁界強度測定とループ・アンテナ　152
　8－1　ループ・アンテナ　152
　8－2　磁界強度測定の測定場所　154
9. ARP 958 による 1m 距離でのアンテナ係数　158
　9－1　CISPR 25 による 1m 距離での電界強度測定　161

第7章　シールド
電磁波から守るシールドの基礎

1. はじめに　167
2. シールドの基礎　167
　2－1　シールド効果　167
　2－2　波動インピーダンス　168
3. 平面波シールド　171
　3－1　シェルクノフの式　171
　3－2　斜入射の場合　175
　3－3　異方性媒質の場合　176
4. 電界および磁界シールド理論　181
　4－1　シェルクノフの式の応用　181

4—2　金属板のシールド　　　　　　　　　　　181
　　　4—2—1　反射損失　　　　　　　　　　　181
　　　4—2—2　吸収損失　　　　　　　　　　　182
　　　4—2—3　多重反射損失　　　　　　　　　183
5. 電磁界シミュレータの応用例　　　　　　　　　183
6. おわりに　　　　　　　　　　　　　　　　　　186
付録1　シールド効果の表現　　　　　　　　　　　188
付録2　シェルクノフの式の導出（その1）　　　　189
付録3　シェルクノフの式の導出（その2）　　　　190
付録4　TE波とTM波の考え方　　　　　　　　　192
付録5　異方性材料のシールド効果の計算　　　　　194
付録6　三層シールドの場合　　　　　　　　　　　196
付録7　電界シールドにおける波動インピーダンス　196

第8章　イミュニティ向上
機器のイミュニティ試験の概要

1. 高周波イミュニティ試験規格について　　　　　　201
2. 静電気放電イミュニティ試験　　　　　　　　　　203
　2—1　概論　　　　　　　　　　　　　　　　　203
　2—2　試験方法　　　　　　　　　　　　　　　204
3. 放射無線周波（RF）電磁界イミュニティ試験　　205
　3—1　概論　　　　　　　　　　　　　　　　　205
　3—2　試験方法　　　　　　　　　　　　　　　207
4. 電気的高速過渡現象／バースト（EFT/B）イミュニティ試験　209
　4—1　概論　　　　　　　　　　　　　　　　　209
　4—2　試験方法　　　　　　　　　　　　　　　210
5. サージイミュニティ試験　　　　　　　　　　　　212
　5—1　概論　　　　　　　　　　　　　　　　　212
　5—2　試験方法　　　　　　　　　　　　　　　213

6. 無線周波数電磁界で誘導された伝導妨害に対する
　　イミュニティ試験　　　　　　　　　　　　　　215
　　6―1　概論　　　　　　　　　　　　　　　　　215
　　6―2　試験方法　　　　　　　　　　　　　　216

第9章　電波吸収体
電磁波から守る電波吸収体の基礎

1. はじめに　　　　　　　　　　　　　　　　　　223
2. 電波吸収材料　　　　　　　　　　　　　　　　223
　　2―1　抵抗性吸収材料　　　　　　　　　　　223
　　2―2　誘電性吸収材料　　　　　　　　　　　224
　　2―3　磁性吸収材料　　　　　　　　　　　　225
3. 電波と伝送線路　　　　　　　　　　　　　　　226
　　3―1　基礎事項　　　　　　　　　　　　　　226
　　3―2　1層の吸収材の場合　　　　　　　　　228
　　3―3　2層以上の吸収材の場合　　　　　　　229
　　3―4　抵抗皮膜の場合　　　　　　　　　　　231
4. 具体的な設計法　　　　　　　　　　　　　　　231
　　4―1　設計の考え方　　　　　　　　　　　　231
　　4―2　誘電性吸収材　　　　　　　　　　　　235
　　4―3　λ/4型電波吸収体　　　　　　　　　　237
5. おわりに　　　　　　　　　　　　　　　　　　242

第10章　フィルタ
フィルタの動作原理と使用方法

1. はじめに　　　　　　　　　　　　　　　　　　247
2. EMI除去フィルタの構成　　　　　　　　　　　249
　　2―1　挿入損失特性　　　　　　　　　　　　250

2—2　コンデンサ、コイルによるEMI除去フィルタの一般特性　251
　2—3　コンデンサとコイルを組み合わせたLCフィルタ　251
　2—4　コンデンサやコイルの高周波での振る舞い　253
　　2—4—1　コンデンサの周波数特性　254
　　2—4—2　コイルの周波数特性　255
3. EMI除去フィルタ　256
　3—1　3端子コンデンサ　256
　3—2　フェライトビーズ　258
　3—3　LC複合EMI除去フィルタ　260
　3—4　コモンモードチョークコイル　261
4. フィルタを上手に使おう　266
　4—1　グラウンドへの接続が適切でない場合　266
　4—2　装着箇所が適切でない場合　267
　4—3　フィルタ装着箇所よりも他の箇所のノイズが強い場合　268
5. フィルタを上手に選ぼう　268
　5—1　ノイズ除去効果の観点でフィルタを選ぶ　269
　5—2　信号品位の観点でフィルタを選ぶ　269
　5—3　電源品位の観点でフィルタを選ぶ　271
6. まとめ　272

第11章　伝導ノイズ
電源高調波と電圧サージ

1. はじめに　277
2. 電源高調波　277
　2—1　電源高調波とは　277
　2—2　高調波の発生原因　284
　2—3　高調波の共振問題　290
　2—4　高調波障害事例　295
　2—5　対策　297

●目次

3. 電圧サージ　　　　　　　　　　　　　302
　3—1　電圧サージとは　　　　　　　　302
　3—2　電圧サージの発生原因　　　　　303
　3—3　ノイズ事例　　　　　　　　　　310
　3—4　障害と対策　　　　　　　　　　313
4. あとがき　　　　　　　　　　　　　　316

第12章　パワエレ
パワーエレクトロニクスにおけるEMCの勘どころ

1. はじめに　　　　　　　　　　　　　　323
2. ノイズ・EMCに関して　　　　　　　　323
3. ノイズの種類　　　　　　　　　　　　324
　3—1　伝導ノイズ　　　　　　　　　　324
　　3—1—1　ノーマルモードノイズと対策　　325
　　3—1—2　コモンモードノイズと対策　　　326
　3—2　空間ノイズ　　　　　　　　　　326
　　3—2—1　静電誘導ノイズと対策　　　　327
　　3—2—2　電磁誘導ノイズと対策　　　　327
　　3—2—3　放射ノイズと対策　　　　　　328
4. インバータのノイズ　　　　　　　　　329
　4—1　インバータの耐ノイズ設計手順　　329
　4—2　インバータのノイズ対策　　　　330
5. 「発生源」でのノイズ低減　　　　　　332
　5—1　スイッチングノイズ　　　　　　332
　5—2　IGBTのターンオン　　　　　　　333
　5—3　IGBTのターンオフ　　　　　　　334
6. 「影響を受ける回路」のノイズ耐量向上　334
　6—1　電源回路　　　　　　　　　　　335
　6—2　パルス受信回路　　　　　　　　336

  6－3 ドライバ回路のノイズ対策 336
7.「伝達経路」でのノイズ低減 337
  7－1 IGBT素子での高インピーダンス化 337
  7－2 直流電源での高インピーダンス化 339
  7－3 ゲート線・電源線での高インピーダンス化 339
  7－4 コモンモードノイズの測定 340
8.ノイズ耐量の向上 340
  8－1 接地極と接地配線 341
  8－2 インバータの内外配線 342
  8－3 金属の電位固定 342
  8－4 部分放電 343
9.おわりに 343

電磁ノイズ発生メカニズム

日本電気株式会社　原田　高志

第1章
電子機器の発生するノイズとその発生メカニズム

1. はじめに

　現代社会はITネットワークのインフラによって支えられている。日本にいながらにして世界中の出来事を瞬時にそれも鮮明な映像で知ることができ、自宅の机のPCから海外のフライトやホテルの予約ができる。我々が日々、何気なく利用している様々なサービスもエレクトロニクス技術の発展抜きには考えることはできない。一方で、人々の生活がエレクトロニクス技術に依存すればするほど、機器やシステムの故障や不具合、また、誤動作による社会への影響は大きくなる。運行管理システムや予約発券システムの不具合によって交通機関に乱れが生じるような事態や、工作ロボットの誤動作による死亡事故なども発生している。

　電子機器の動作や放送、通信などのサービスに悪い影響を与える要因の一つに電磁ノイズがある。身近なところでは、CRTの近くにあるAMラジオに雑音(音)が入ることをよく経験するところである。また、航空機では電磁ノイズの航法援助装置への影響を防ぐため、離着陸時を中心に電子機器の使用が禁止されている[注1]。放送や無線などの電波を通信媒体としているサービスでは、極めて微弱な電波を扱っており、十分に低電力な電磁ノイズでも様々な電磁妨害（EMI：Electro Magnetic Compatibility）を発生する。こうした電磁雑音による妨害を防ぐため、電子機器に対しては、発生する電磁ノイズを一定のレベル以下に抑制するような規制（米国のFCC、日本のVCCIなど）が適用されている。

　本稿では、電子機器において発生する電子ノイズの発生メカニズム

注1) 航空機内での電子機器の利用制限について：1993年2月7日（現地時間）、ニューヨークケネディ空港に着陸しようとしていた大型旅客機が大きく左に傾いたが、パイロットの操作で姿勢を取り戻し、無事着陸した。この異常動作はファーストクラスの乗客がコンパクトCDプレーヤーのスイッチをオンにしたときに発生したとのこと。これをきっかけに、離着陸時の航空機内での電子機器の利用が制限されるようになった。

とそのノイズを抑制するための技術について紹介する。

第1章では電子機器の発生するノイズの特徴をみながら、なぜ電磁ノイズが発生するか、またその特徴はどのようなものであるかを見ていくことにする。

2．電子機器の発生するノイズ

2—1　デジタル回路と放射源

電磁ノイズは雷や静電気によって発生する自然ノイズと、電子機器から発生する人工ノイズに大別できる（図1）。無線通信や放送などで利用される電波は、それ自身は電磁ノイズに分類されないが、他のシステムに対しては電磁ノイズとなる場合がある。本稿ではコンピュータやAV機器などの、本来電磁波を発生させることのない電子機器から意図せずして発生してしまう電磁波を電磁ノイズと呼ぶこととし、その特徴について述べる。

現在の電子機器の多くは、デジタル信号処理機能を搭載しており、このデジタル回路のスイッチング動作とともに電磁ノイズは発生する。回路のスイッチングと電磁ノイズの関係は後の章で述べることとし、

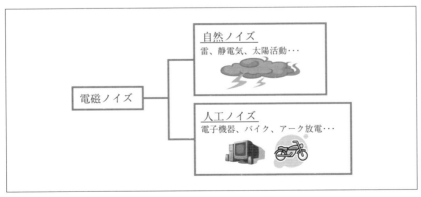

〔図1〕電磁ノイズの種類

ここではデジタル回路を搭載したプリント回路からどのように電磁ノイズが発生するかを見てみることにする。

電子機器の心臓部であるプリント回路基板には図2に示すように信号処理を行うLSI、クロックを発生する発振器などのアクティブデバイスとこれらアクティブデバイスに電源を供給するための電源、そしてキャパシタや抵抗などの各種の部品が搭載されている。さらに、信号を伝送するための信号パターン、信号の電位の基準を提供し、かつ信号伝達のための伝送線路の構成要素となるグラウンドパターン（プレーン）、そして上記アクティブ素子に電源を供給するための電源供給パターン（プレーン）が存在する。電磁ノイズの発生要素は図3に示すように、発生源、伝達経路、アンテナの3つの要因に分離して考えることができる[1]。それぞれを上記プリント回路基板の各要素と照ら

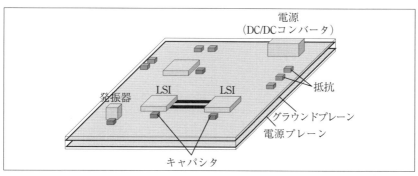

〔図2〕デジタル回路を搭載したプリント回路基板

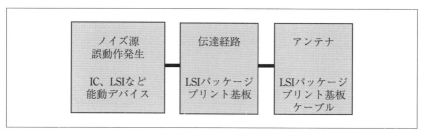

〔図3〕電磁ノイズ発生放射の三要因

し合わせると、LSIが発生源、信号配線やグラウンド、電源供給パターンなどの各パターンがアンテナに相当する。したがって、放射のメカニズムを考えるときはこれらのパターンに着目すればよいことになる（電源供給パターンは発振器、LSIなどのアクティブデバイスに直流電源を供給するためのものであり、高周波の電磁ノイズの伝達源として違和感を覚える読者もあるかもしれない。しかしながら、後で述べるが、パターンがある限り高周波ノイズは伝播する）。

2—2　Maxwellの方程式[注2]

プリント回路基板上の各種パターンにはデジタル回路のスイッチングにともない、電流や電圧が発生する。例えば、信号配線パターン上を電流が流れ、電源供給プレーン―グラウンドプレーン間には電圧が発生する（図4参照）。これらの電流、電圧が電磁ノイズ電磁波放射の関係は電磁界の現象をベクトル関数を用いて定式化したMaxwellの方程式

$$\nabla \times H = -\varepsilon_0 \varepsilon_r \frac{\partial E}{\partial t} - J \quad \cdots\cdots\cdots\cdots\cdots\cdots\cdots (1)$$

$$\nabla \times E = \mu_0 \mu_r \frac{\partial H}{\partial t} \quad \cdots\cdots\cdots\cdots\cdots\cdots\cdots\cdots\cdots (2)$$

$$\nabla \cdot E = -\frac{1}{\varepsilon} \rho \quad \cdots\cdots\cdots\cdots\cdots\cdots\cdots\cdots\cdots\cdots\cdots (3)$$

注2）Maxwellの方程式："感覚の鋭い人が「現象」を先ず発見し、意識する。その事柄は、偉大な人によってまとめられ、初めて「言葉」となり理論となり、そして概念となる。一般の人たちの知識となるのはその後である。"故徳丸仁先生（元慶応大学教授）はMaxwellの方程式を称してこのように表現された[3]。Maxwellは現象を発見する人ではなかった。電磁気に関する現象はアンペール、ファラディー、ガウスらがすでに発見していた。しかし、Maxwellの天才的な能力は現象を「言葉としての方程式」として導くことに遺憾なく発揮されたのである。

を用いて、説明することができる。ここで、E、H、J は電界、磁界、電流密度、ε_0、ε_r、μ_0、μ_r はそれぞれ、真空中の誘電率（ε_r=8.85 × 10^{-14}（F/m））と媒質中の比誘電率、真空中の透磁率（μ_r=4π × 10^{-7}（F/m））と媒質中の比透磁率である。

（1）式はアンペールの法則を定式化したもので、図5（a）に示すように電流や時間的に変化する電界の周囲に磁界が発生する状態を示している。（2）式、（3）式はファラデーの法則とガウスの法則を定式化したものであり、それぞれ、図5（b）、（c）に示すように時間変化

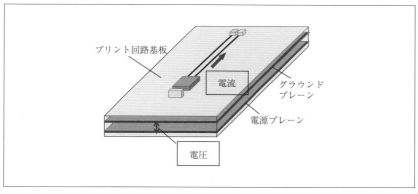

〔図4〕プリント回路基板上の電流源と電圧源

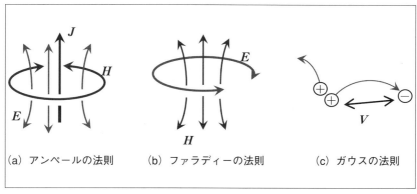

〔図5〕Maxwell の方程式

●第1章 電子機器の発生するノイズとその発生メカニズム

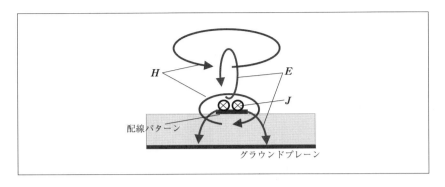

〔図6〕回路を流れる電流と放射ノイズ発生のメカニズム

する磁界の周囲に電界が発生し、また、プラスの電荷からマイナスの電荷との間に電界を作る電気力線が発生する。電界をこの二つの電荷の距離で線積分するとその間の電位差、すなわち電圧が計算できる。

これを図4に示したプリント回路基板上の電流に適用してみると、デジタル回路のスイッチングに伴ってパターン上を流れる電流の周囲に(1)式にしたがって磁界が発生する。この磁界は時間変化しているため、(2)式にしたがって電界が発生する。この電界の周囲には再び(1)式にしたがい磁界が発生する。このイベントの繰り返しにより電磁ノイズは放射される（図6参照）。

同様に電圧に対してみてみると、プリント回路基板上の代表的なノイズ電圧発生源として前述のように電源プレーンとグラウンドプレーンで構成された電源供給系がある[2]。LSIのスイッチング時に発生した電源電圧変動（次節を参照）は電源供給プレーンとグラウンドプレーンの二つのプレーンの間を伝搬し、その端部において電圧が生じ、電界が発生する。LSIのスイッチングに起因して生じる電界は時間的に変化するため、上記と同様のメカニズムにより、電磁波となって放射する。

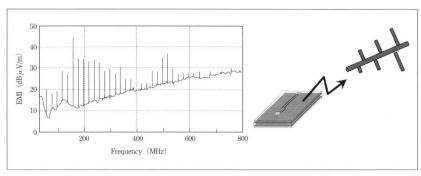

〔図7〕電磁ノイズ（EMI）の放射特性

3．電子回路から発生するノイズの特性

3—1　電磁ノイズの周波数特性

　本章では前述のデジタル回路を対象として、空間に放射された電磁ノイズの特徴について述べる。プリント回路基板から放射される電磁波の周波数特性を図7に示す。プリント回路基板には20MHzのクロック周波数で駆動されるデジタル回路が搭載されている。電磁ノイズはクロック周波数の整数倍の周波数においてのみスペクトルを持つ離散的な特徴を有している。これは電磁ノイズがデジタル回路のスイッチング動作の際に発生していることを示している。デジタル回路のスイッチングは、基本的にクロックの周期でオン—オフを繰り返す。時間領域における周期的な信号波形は周波数領域で見ると基本周波数とその整数倍の周波数においてスペクトルを持つ特性となる。

3—2　デジタル回路動作と電磁ノイズ

　この項ではデジタル回路の動作とそれに伴い発生する電磁ノイズの周波数特性の関係を検討する。図8はCMOSインバータによる一般的なデジタル回路の構成図である。送信LSIは二つのトランジスタ（スイッチ）p型トランジスタ、n型トランジスタを直列に接続した構造で

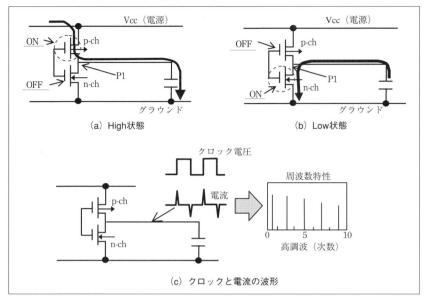

〔図8〕デジタル回路のスイッチング動作と電流の振る舞い

あり、二つのトランジスタの接続点（P1）から信号配線を介して終端容量が接続されている。回路が"High"の状態（同図(a)）のときにはp型トランジスタがON、n型トランジスタがOFFとなるため、信号配線上を終端容量に向かって電流が流れ、容量を充電する。電荷が蓄積されると終端容量の電圧は上昇し、P1における電位と等しくなると、充電は完了し電流が流れなくなる。一方、"Low"の状態（同図(b)）ではp型トランジスタがOFF、n型トランジスタがONとなり、終端容量にチャージされた電荷は電流となって信号配線、n型トランジスタを介してグラウンドに流れる。電荷がゼロになった時点で容量の両端の電圧はゼロとなり、電流が流れなくなる。この一連の動作を繰り返すことによってスイッチング動作が行われるが、このときの信号配線を流れる電流を見ると、図8(c)に示すように、回路がOFF→ON、ON→OFFと状態変化する際に終端容量を充放電するパルス状の電流が流れることになる。この電流の時間軸特性をフーリエ変換し

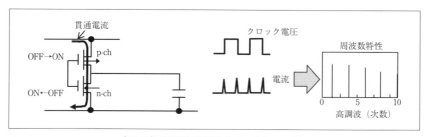

〔図9〕貫通電流発生のメカニズム

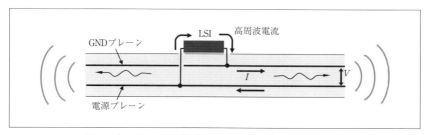

〔図10〕電源電圧変動によるノイズの伝搬と放射

て得られた特性は、クロック周波数の奇数倍のスペクトルを有している。

　一方、図9は電源供給系におけるデジタル回路電源系のノイズ発生のメカニズムを示した図である。前述のように基本的にデジタル回路は二つのトランジスタのONとOFFを切り替えることにより、電流、電圧をコントロールするが、回路の状態が変化する際にごく短時間ではあるが、二つのトランジスタが同時にONとなる状態がある。この状態では電源―グラウンド間がショートに近い状態となり、電流が流れる。この電流は貫通電流（英語ではThrough Current）と呼ばれている。スイッチング時は、同時に終端容量を充放電する電流も加わり、結果として同図に示すような波形の電流が電源―グラウンドの端子間に流れ、電源―グラウンド間には瞬時的な電圧降下を発生させる。この波形をフーリエ変換すると基本クロック周波数の偶数倍の高調波においてレベルの高いスペクトルを持つ。これは、一クロック周期内に

同じ極性のパルス状電流が2回流れること、すなわち、クロックの1/2倍の周期で電流が流れていることから説明できる。この電源電圧の変動が図10に示すように電源供給とグラウンドの両プレーンで挟まれた領域を伝搬し、基板の端部に達して外部に放射されるが、その詳細については第4章「電子機器におけるノイズ対策手法」で詳細に説明する。

以上、示したようにデジタル回路において発生する電磁ノイズの放射を周波数特性としてみると、基本的にはクロック周波数の整数倍のスペクトルを持つ。放射源が信号配線パターンである場合には奇数次のスペクトルが高く、電源供給系の場合には偶数時のスペクトルが高い。この特徴は、電磁機器中の放射源の特定に利用することができる。ただし、一般の電子機器の場合には両者が混じっている場合が多い。

4．まとめ

本章ではプリント回路基板を例にとり、電磁ノイズの発生源と放射のしくみ、および電磁ノイズの特性をデジタル回路動作と関連付けて述べた。第2章では、本章で紹介した電磁ノイズ発生メカニズムの解明やノイズ抑制対策を行うための計測技術について紹介する。

●参考文献
1) 櫻井秋久：「EMC設計に向けて」、エレクトロニクス実装学会誌, pp.531-536, Vol.4 No.6, 2001年9月
2) 楠本学, 原田高志, 和深裕：「プリント配線板電源供給系からのEMI解析モデル」、エレクトロニクス実装学会学術講演会, 23B-15, 2006年
3) 徳丸仁：「光と電波」、森北出版, 2000年3月

[時間軸波形と周波数軸波形]

　図 A-1 は 50% のデューティ比を有する矩形波計が基本波とその奇数次の高調波成分の正弦関数の和で現れるようすを示した図である。ある周期を持って繰り返す波計は、周期の逆数である基本周波数とその高調波成分を持つ正弦波の和であらわすことができる。時間軸波形から周波数特性を求めるためにはフーリエ変換を用いる。

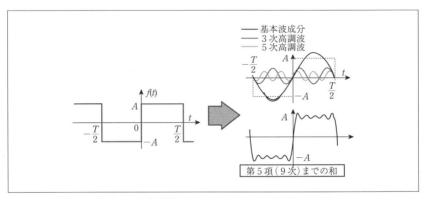

〔図 A-1〕周期波形と基本波、高調波の関係

　図 A-2 にいくつかの波形とその周波数特性を示す。図 (a)〜(c) は矩形波形のデューティ比と周波数特性の関係を示した図である。デューティ比がちょうど 50% の場合、その周波数スペクトルは基本波と 3 倍、5 倍…の奇数倍のみとなるが、デューティ比が 49%、48% に変化すると高次の高調波を中心に偶数次のスペクトルが出現する。また、図 (d)〜(f) は異なる立ち上がり時間依存性である。立ち上がりの速度が遅くなると高次高調波を中心にレベルが下がる。

●第1章 電子機器の発生するノイズとその発生メカニズム

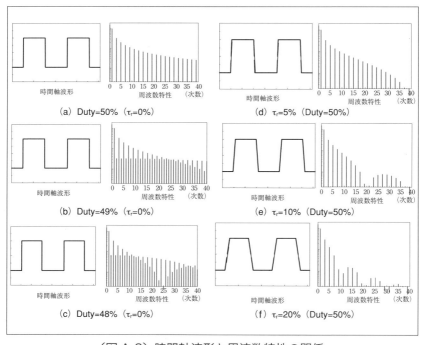

〔図A-2〕時間軸波形と周波数特性の関係

第2章
ノイズ対策のための計測技術

1. はじめに

電子機器のノイズ問題は大きく二つのカテゴリーに分けられる（図1）。一つは自ら発生する電磁ノイズが放送や無線通信などの電波を利用した様々なサービスに妨害を与えたり、他の電子機器の正常な動作を妨げる場合、二つ目は、静電気放電や他のノイズ源により発生した電磁ノイズが回路内に侵入し誤動作を引き起こしたり、場合によっては回路を破壊するなどの場合である。前者は通常、ノイズエミッション（Emission）と呼ばれ、該電子機器が加害者となることから、米国のFCC（Federal Communication Commission）、日本のVCCI（情報処理装置等電波障害自主規制協議会）など世界各国が規格（EMC規格）を設け、当該電子機器から発生する電磁ノイズのレベルに制限を与えている。ノイズエミッションには、空間を電磁波として伝搬したり、電源線や通信線上を電流、電圧の形で伝わるため、測定においては無線通信や有線通信における計測手法と同様にアンテナや電界強度計、電圧計などが用いられる。電磁ノイズは非意図的に発生するものであることから、その計測手法に関しては、状態を一般化するための条件が必要となる。

一方、後者の電磁ノイズの侵入に関しては、電子機器は被害者となる。外部からの電磁ノイズに対する耐性はイミュニティ（Immunity）、その電子機器の外部ノイズによる影響の受けやすさは電磁感受性（EMS

〔図1〕電子機器のノイズ問題

: Electromagnetic Susceptibility）と呼ぶ。イミュニティでは、対象とする機器は被害者で、外部に対して影響を及ぼすことはないため、特別な場合を除いてそのレベルが規格などで定められることはないが、イミュニティ性能の向上は機器自身の信頼性や品質を維持するために重要な要素となる。ただし、計測手法に客観性が求められることからIECではイミュニティ測定法に対し規格を制定している。

　製品としてのEMC規格に適合しているか否かを評価するEMC試験に対し、電子機器の設計、開発の段階では、電磁ノイズの放射抑制やイミュニティ向上の施策を盛り込む（EMC対策）ため、電磁ノイズの発生源や外部からの侵入する電磁波の経路の特定や回路中のウイークポイントを見出すための計測が重要となる。このような計測手法では、LSIやボード、また筐体など、それぞれの構造や用途に応じたさまざまな計測手法が採用されている。

　第2章では、こうした電磁ノイズに関わる計測手法にスポットを当て、まず、国際標準であるEMC規格に定められて計測手法を紹介し、次に電子機器の設計、開発の立場から、同機器から発生する電磁ノイズの抑制対策に有効な計測手法や、機器が外部から侵入した電磁ノイズに対する耐性を向上させるために必要なイミュニティ計測技術について紹介する。

2．EMC規格適合を評価するための規格で定められた計測手法（EMC試験）

　電子機器がEMC規格に適合しているか否かを評価する計測手法（EMC試験）には、
　①機器からの放射される電磁ノイズを評価するエミッション試験
　②外部から侵入する電磁ノイズの排除能力を評価するイミュニティ試験（EMS試験）
がある。
　エミッション試験を定める代表的な国際機関には、国際電気標準会

議（IEC）と下部組織の国際無線障害特別委員会（CISPR：付録1参照）
がある。日本ではVCCIによる規制、ならびに電気用品安全法におい
てCISPRが定めた計測手法、および規格値が制定されている。

2―1　エミッションの試験方法

　エミッション試験や試験機材に関する国際規格は、CISPRの
publication16（CISPR Pub.16）に記載されているものが代表的な規
格である。この規格書には、試験原理、試験場所、試験方法、試験機材、
セットアップなどの詳細が記載されており、現在各国が制定している
EMC規格は、ほぼこの規格を参照している。一方、情報処理装置に
対するエミッションレベルに対する限度値はCISPRのpublication22
（CISPR Pub.22）において定められている。日本を含む各国EMC規
格もCISPR Pub.22を参照する場合が多い。

　エミッションには図2に示すように、電子機器から電磁ノイズが直
接、空間中に放射される放射エミッションと電源線や通信線を介して
外部に伝搬する伝導性エミッションに分類できる。それぞれは電波の
強度を示す電界強度[V/m]と電源端子間の電圧（雑音端子電圧）[V]
の単位で規定されている。これは、比較的周波数の高いノイズ（CISPR
規格では30MHz以上）は電磁波となって放射されやすく、周波数の
低いノイズ（CISPR規格では30MHz以下）はケーブルなどを伝わっ

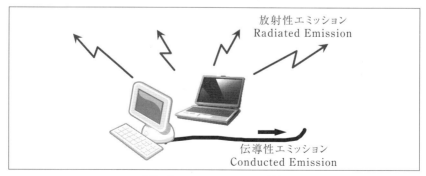

〔図2〕エミッションの種類

〔図3〕オープンサイト（(株)トーキンEMCエンジニアリング提供）

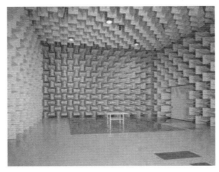

〔図4〕電波暗室（(株)トーキンEMCエンジニアリング提供）

て伝播しやいと考えられていることによる。

　放射エミッションの計測は、図3に示すような広大な平地に基準金属面を敷設したオープンサイト（OATS：Open Area Test Site）、もしくは、図4に示すような床面がグラウンドプレーンとなっている半電波暗室内で行われる。放射エミッション試験では、後で示すように、電子装置から放射される低レベルの電波（30〜47dBμV/m以下）を計測する必要があるため、計測場の電磁環境は、限度値より十分低い環境が必要である。

　一般に住宅や工業地域では、放送波や無線通信、車両、その他多くの電子機器があり、これらの機器等が発生する電磁波がすでに規制値

を上回るため、計測することが困難である。そのため、放射エミッションのEMI試験を実施する設備であるOATSは、電波環境が良い（すなわち弱電界環境）山間部に多く存在する。しかしながら、近年では広い周波数帯域を有する地上波デジタル放送（470〜770MHz）の普及にともない、オープンサイトの測定環境はさらに悪化している。一方、電波暗室や半電波暗室は、設置場所を問わず建築できる反面、試験コストが高額となる短所をもつ。

　放射エミッションの測定では被供試機器である電子装置から放射される電磁ノイズを数〜数十m（標準的な距離は10m）離れた位置に設置したアンテナで水平、垂直の双方の偏波を測定する。なお、近年、CISPRをはじめ、各国の規格を制定している団体では1GHzを超える放射エミッションに対し、限度値を求める動きが活発になってきている。1GHz以上の放射エミッションの測定では、床面にも電波吸収体を設置した完全電波暗室が利用される。

　規格では、放射エミッション測定の際のアンテナ高は1〜4mの高さで変化させるよう記載されている。これは、供試機器から放射される直接の電磁波とグラウンドプレーンでの反射電磁波を合成により、アンテナで受信する電磁波の振幅が大きく変化するためである（付録2、付録3参照）。

　一方、伝導性エミッション試験は、図5に示すように、AC電源と被供試機器を結ぶ電源線に疑似電源回路網（LISN：Line Impedance

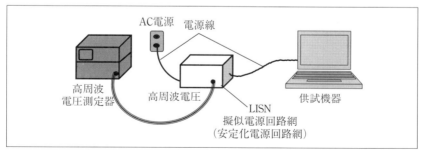

〔図5〕伝導性エミッション試験の測定系

Stabilization Network）を挿入し、被供試が発生する高周波（150kHz～30MHz）の伝導性のノイズを測定する。ノイズの測定精度を高めるため、擬似電源回路網はその電源インピーダンスが50Ωに近い値に設定されている。電源ケーブルから流出する伝導ノイズを計測するため、AC電源のノイズ量は十分低い必要がある。また、外部ノイズの影響を取り除くため、測定はシールドルーム内で実施される。

2－2　エミッションレベルの限度値

　CISPR Pub.22では電子機器から放射されるノイズの限度値はその機器を使用する環境によってクラスAおよびクラスBに分類される。それぞれの目安は、
　　◇クラスA：工場などの周囲の電磁環境が比較的悪く、電磁ノイズ
　　　　　　　を放射してもあまり大きな影響が少ない環境
　　◇クラスB：事務所や住宅などの比較的電磁環境が良く、電子機器
　　　　　　　から放射する電磁ノイズの影響が大きい環境
となっている。
　表1に試験距離10mに対する放射エミッションの限度値、表2に伝導性エミッションの限度値を示す。これらの数値は準尖頭値検波と呼ばれ、ラジオ受信における受信障害のレベル（ノイズの持続時間が

〔表1〕放射エミッション限度値（距離10m）

周波数範囲	クラスA限度値	クラスB限度値
30～230MHz	40dBμV/m	30dBμV/m
230～1000MHz	47dBμV/m	37dBμV/m

〔表2〕伝導性エミッション限度値

周波数範囲	クラスA限度値	クラスB限度値
0.15～0.5MHz	79dBμV	66～56dBμV
0.5～5MHz	73dBμV	56dBμV
5～30MHz	73dBμV	60dBμV

短く、頻度が低ければノイズレベルが高くても影響が少ない）を反映した検波方式による測定値で規定されており、スペクトラムアナライザや電界強度計などの尖頭値検波による測定値よりは低いレベルとなる。なお、伝導性エミッションの場合には、準尖頭値の他に、平均値限度値が存在し、二つの限度値を満足させる必要があるので注意が必要である。

2－3　イミュニティ試験

　イミュニティ試験は、放送波や他の電子機器が発生する電磁波の影響を想定した耐電磁放射試験や耐伝導性試験および電源周波数磁界暴露試験と、自然現象を想定した静電気や雷サージおよび他の電子装置が発生するファーストトランジェント／バースト試験などの、電磁過度現象に耐える能力を持っているかを確認するトランジェント系試験に分類できる。この試験は、IEC規格にIEC61000-4シリーズとして規定されている。表3に、代表的なイミュニティ試験規格番号とその概略試験内容を示す。

　エミッション試験が明確に限度値が設けられているのに対し、イミュニティ試験では試験電圧の他に機器が耐える条件が別途定められている。耐電磁放射試験や耐伝導性試験のように一定の状態の電磁界を

〔表３〕代表的なイミュニティ試験方法

規格番号	試験内容	代表的な試験電圧例、判定基準
IEC61000-4-2	静電気試験	気中放電±8kV、接触放電±4kV　B
IEC61000-4-3	耐放射イミュニティ試験	3〜10V/m、1kHz80%振幅変調　A
IEC61000-4-4	ファーストトランジェント／バースト試験	±0.5kV〜±2kV（電源、信号）B
IEC61000-4-5	サージ試験	±0.5kV〜±4kV（電源、通信線）B
IEC61000-4-6	耐伝導性イミュニティ試験	3〜10V/m、1kHz80%振幅変調　A
IEC61000-4-8	電源周波数試験	1〜30A/m　A
IEC61000-4-11	瞬停、ディップ電源変動試験	電源電圧の0,40,70%変動と瞬停　B/CI

印加する試験の場合、試験条件は比較的緩いが通常動作が求められる。一方、ファーストトランジェント／バーストなどのトランジェント系試験では、厳しい試験電圧が要求されるが、試験時の一時的な性能低下が認められている。

なお、エミッションとイミュニティ試験は、年々改訂され見直しが進んでおり、上述の試験方法以外の試験規格も増加する傾向にある。例として、デジタル回路を応用した AV 機器に対する CISPR 32 が検討されているので試験の動向には注意が必要である。

3．製品の EMC 性能向上に貢献する計測手法

電子機器の EMC 性能を向上させるためには、電磁ノイズの発生や干渉のメカニズム解明とその影響を抑制するための対策が重要である。電子機器の EMI の主たる放射源は、機器内部のプリント回路基板や機器に接続されたインタフェースケーブル上を流れる高周波電流である。この電流分布は基板やケーブル近傍の磁界の特性を計測することにより推定できることから、EMI 対策を目的とした測定手段として高周波磁界計測が、多く利用されてきている。

3-1 磁界プローブを用いた近傍磁界計測

高周波の磁界計測用のセンサとしては、主として図6に示すようなシールデッドループプローブ[1]を用いる。シールデッド構造を採用する理由はループ全体で受信する電界の影響を低減するためである。ループプローブは測定した磁界強度に比例した出力電圧を発生する。このときのループプローブの特性は図7に示すようにループ面を鎖交する磁界の強度と周波数に比例した電圧源 V とループの自己インダクタンス L を直列に接続した等価回路で表現することができる。面積が S のループ面を高周波の磁界 H が鎖交する際のループの両端に発生する電圧は Faraday の電磁誘導の法則（第 1 章参照）を用いて求めることができ、このときの電圧は

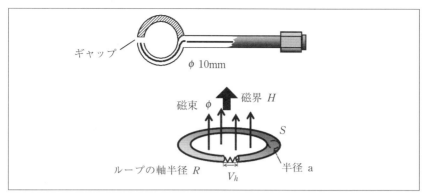

〔図6〕単一ギャップシールデッドループ

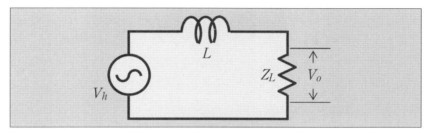

〔図7〕ループプローブの等価回路

$$V = j\omega\mu_0|H|S \quad \cdots\cdots\cdots\cdots\cdots\cdots\cdots\cdots\cdots\cdots\cdots\cdots (1)$$

で表される。ここで、ω は角周波数（$2\pi f$）、μ_0は真空中の透磁率である。
　ループプローブとスペクトラムアナライザのような入力インピーダンスが50Ωの測定器を用いて測定される電圧 V_m は

$$V_m = \frac{j50\omega\mu_0|H|S}{50 + j\omega L} \quad \cdots\cdots\cdots\cdots\cdots\cdots\cdots\cdots\cdots (2)$$

となる。1［mA/m］（=60dBμA/m）の磁界を直径10mmのループプローブで測定したときの測定電圧 V_m の周波数特性を図8に示す。1GHz以下の周波数帯では出力電圧は周波数に比例して増加（20dB/

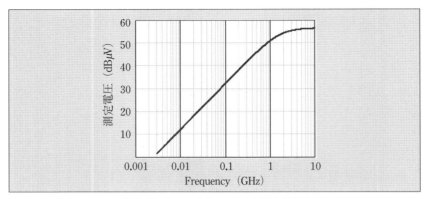

〔図8〕ループプローブの出力電圧

dec：周波数が一桁増加すると、出力電圧は20dB増加）し、1GHzを超えた周波数帯では、ループの自己インダクタンスの影響により出力はほぼフラットになる。ループプローブは出力レベルが高くなる高周波での測定に適している。

3—2　近傍磁界分布の測定例

　放射源近傍における磁界強度の空間分布の測定により、放射源上の磁界分布を推定できる。空間分布の測定法としては二つに大別できる。第一の測定法は図9（a）に示すように、単一のループプローブを走査することにより2次元や3次元の磁界強度分布を求める。この方法では走査の間隔を任意に設定できるため、空間分解能を上げることができるが、測定時間は長くなる。第二の測定法は図9（b）に示すようにループプローブを二次元にアレー化し、各プローブの出力をスイッチで切り替えることにより、平面上の磁界強度分布を測定する。この方法は測定時間を大幅に短縮できるものの、空間分解能は隣り合うループの間隔で決まるため、磁界強度の細かな変化を見ることができない。
　次に、このループプローブを用いた測定の例として、図10に示すようなプリント回路基板における典型的な信号配線構造であるマイクロストリップ線路の線路周囲の磁界強度分布を紹介する。信号配線パ

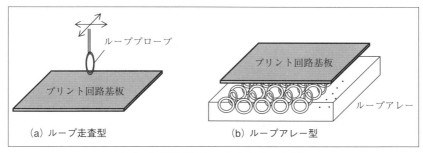

〔図9〕磁界強度の空間分布の測定

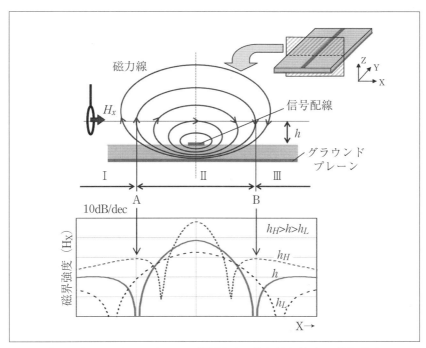

〔図10〕マイクロストリップ線断面の磁力線と線上の磁界分布

ターンのある面から一定の高さにおいて、配線パターンを横切るx軸方向の磁界H_xを測定する場合を考える。前述のようにループプローブではループ面を貫く磁界、すなわちループ面と垂直な方向の成分の

磁界を測定するため、ループ面はy-z面に平行になるように配置する。この配置で、ループプローブをx軸方向に平行移動したときの磁界強度分布の変化を見てみよう。

ストリップ導体上をy軸の正方向に電流が流れているとすると、グラウンドプレーン上には負の方向の電流が流れる。このときの磁力線の分布は図10の上図に示すようになり、x軸方向の磁界H_Xはストリップ導体上が最も強い。この線路の上を、ループプローブを左から右に向かってx軸方向に移動したときのループで受信される磁界強度を考えるため、x軸方向を図に示すような3の領域（Ⅰ、Ⅱ、Ⅲ）に分け、その境界である二つのポイントをそれぞれ、A、Bとする。このときの測定される磁界強度をデシベル（dB）で表現したものを図10の下図に示す。ループがⅠの領域にあるときにはループにはx軸の負の方向に向いた磁界－H_Xを測定することになる。ループがⅠからⅡの境界Aにあるとき磁界はz成分のみのためH_Xはゼロ、Ⅱの領域ではH_Xの正方向の成分の磁界を測定する。このとき、Ⅰ、Ⅱで測定されるx軸方向の磁界H_Xの極性は異なる（デシベル（dB）のため、絶対値で示されているが、位相を測定するとπずれる）。プローブを走引する高さを低くするとA、Bのポイントはストリップ導体側（中心より）に近づき、逆に、走引する高さを高くすると両ポイントはストリップ導体から離れる。

次に、実際のプリント回路基板の評価例をもとに、磁界強度分布からプリント基板のEMI放射の大きな要因である基板内の高周波電流分布を推定する手段を紹介する。図11は評価に用いたプリント回路基板である。基板は長方形形状を持つ四層構造であり、第一層と第四層は信号配線層、第二層は回路の電位の基準を提供するグランド層（プレーン）、第三層は発振器（クロック10MHz）やICなどの能動デバイスに電源を供給するための電源供給層（プレーン）である。第一層には基板の中心に配線パターンを持つ簡単なデジタル回路が実装されている。

図12は基板の表面近傍のx軸方向の磁界H_Xとz軸方向の磁界H_Z

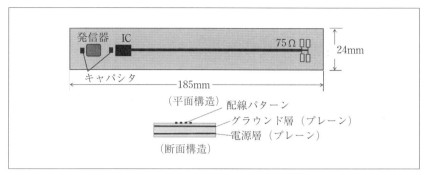

〔図11〕ループプローブの等価回路

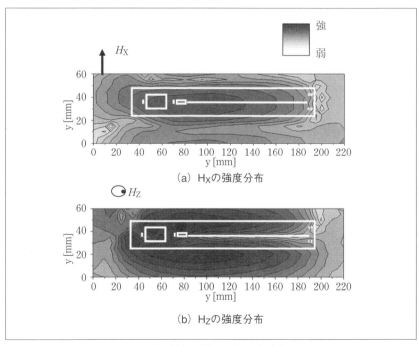

〔図12〕基板近傍の磁界強度分布

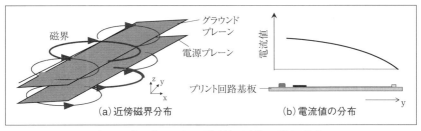

〔図13〕プリント回路基板近傍の磁界分布

の強度分布である。周波数はこの基板からの放射される不要電磁波のうち、特に放射レベルが高い220MHz(クロック周波数の22倍高調波)を選んだ。x軸方向の磁界H_Xは基板の中心付近で最も強く、一方、基板に垂直な磁界H_Zは基板の長手方向の辺に沿って強い。図13（a）は上記の結果から磁界分布を推定した結果である。磁界と電流の直交する関係を利用して、電流の分布を推定すると、この周波数の電流は主として配線パターンではなく、基板全体を流れていると考えることができる。電流値は図13（b）に示すようにIC付近で最も強く、終端に向かうにしたがい弱くなる（詳細は文献2）参照）。

このように、プリント回路基板近傍空間の磁界分布を、ループプローブを走引して測定することにより、EMI放射の原因となる電流の振る舞いを知ることができる。

3−3 イミュニティ評価方法

電子機器のイミュニティ試験は、被測定器に電界を照射して行われる。レベルの高い電磁界を扱うことから、試験は通常、電波暗室やTEMセル、GTEMセルなどの閉空間内で行う。ここではTEMセルを用いた測定法について紹介する。TEMセルは図14（a）に示すように、断面形状が矩形の同軸型の伝送線路を中心部を膨らませて、被測定装置の挿入を可能とした構造になっている。TEMセルへの給電は同軸ケーブルを用いて行うため、両端に同軸ケーブル用のコネクタが接続されるため、両端のコネクタ部と中心部分を接続するために両側は

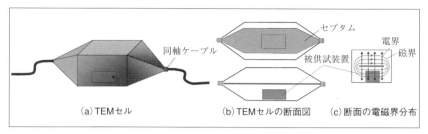

〔図14〕TEMの構造

テーパ状になっている（図14（b））。TEMセルの謂れは被供試装置を挿入する部分の断面の電磁界の分布（モード）が図14（c）に示すようにTEM（Transverse Electromagnetic）になっていることによる。特に、セプテムと呼ばれる中心導体（同軸ケーブルの内導体が接続される）直下の部分の電磁界は一様になっており、被供試装置には一定の強度の電磁界を印加することができる。

4．まとめ

本章では、電磁ノイズに関わる計測手法にスポットを当て、まず、国際標準であるEMC規格に定められて計測手法を紹介し、次に電子機器の設計、開発の立場から、同機器から発生する電磁ノイズの抑制対策に有効な計測手法としてループプローブを用いた近傍磁界計測手法、機器が外部から侵入した電磁ノイズに対する耐性を向上させるために必要なイミュニティ計測技術を紹介した。

●参考文献

1) J.D. Dyson, : IEEE Trans. on Antennas and Propagation Vol. AP-21, No.4, 1973
2) 原田，ほか：電気学会論文誌A，117巻，5号，pp.523-530，1997年

●第2章 ノイズ対策のための計測技術

付録1：CISPR（国際無線障害特別委員会）

　CISPR（フランス語で Comité international spécial des perturbations radioélectriques）は電気・電子機器から発する電磁波障害について、測定法・許容値などの規格を国際的に統一することを目的に、1934年に設立された、国際電気標準会議（IEC）の特別委員会。

　下表に規格番号と内容を示す。

　これらは常に改定・更新がなされるので、注意が必要。

Publication	規格の内容
CISPR 11	工業、科学及び医療RF域の機器の電磁妨害の特性の限度値と測定法
CISPR 12	自動車、モーターボート及び火花点火エンジ駆動装置からの無線雑音妨害の限度値と測定法
CISPR 13	音響及びテレビ放送受信器と組み合わせ機器の無線雑音妨害特性の限度値と測定法
CISPR 14	家庭用電気機器、携帯用工具及び類似電気機器の無線妨害特性の限度値と測定法
CISPR 15	蛍光灯と照明器具の無線障害特性の限度値と測定法
CISPR 16	無線妨害及びイミュニティ測定装置と測定法に関する仕様文書 －第2章：無線妨害とイミュニティの測定装置
CISPR 17	無線妨害受動フィルタ及び妨害抑制部品の妨害抑制特性の測定方法
CISPR 18	架空電力線及び高圧機器の無線妨害特性
CISPR 19	1GHzを超える周波数の電子レンジからの放射を測定するための置換法の使用手引き
CISPR 20	音響及びテレビ放送受信器と組み合わせ機器のイミュニティ特性の限度値と測定法
CISPR 21	インパルス性ノイズで可移動通信への妨害の測定法およびノイズ対策
CISPR 22	情報技術機器の無線障害特性の限度値と測定法
CISPR 23	工業、科学及び医療用の機器に関する限度値の決定方法
CISPR 24	情報技術装置に関するイミュニティの限度値と測定方法
CISPR 25	車載受信機の保護ための無線妨害波特性の限度値と測定法
CISPR 28	工業、科学及び医療用（ISM）ITUによって指定された帯域内でのエミッションレベルに対する指針

付録2：放射エミッション測定用のアンテナ

　放射エミッションの測定には、基本的には半波長ダイポールアンテナを用いる。半波長アンテナは図A-1に示すように、シンプルな構造をしており、アンテナの基本である。しかしながら、アンテナ長がちょうど半波長に相当する周波数の電波しか正確に測定できず、電子機器から放射される電磁ノイズのように広い帯域を持つ電波の測定には適さない。そこで、一般に放射エミッションの測定には図A-2に示すように、ダイポールアンテナの素子を両端にいくに従って段々太くして円錐状としたバイコニカルアンテナ（Biconical Antenna）や、図A-3に示すように多数のアンテナエレメントを平行に配置した対数周期（ログペリオディック）アンテナ（Log-periodic Antenna）が用いられる。近年、この二つのアンテナを組み合わせてさらに広帯域化を実現したアンテナも用いられている。

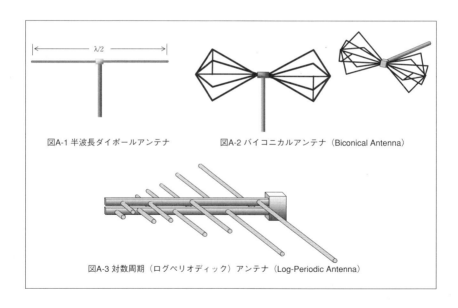

図A-1 半波長ダイポールアンテナ　　図A-2 バイコニカルアンテナ（Biconical Antenna）

図A-3 対数周期（ログペリオディック）アンテナ（Log-Periodic Antenna）

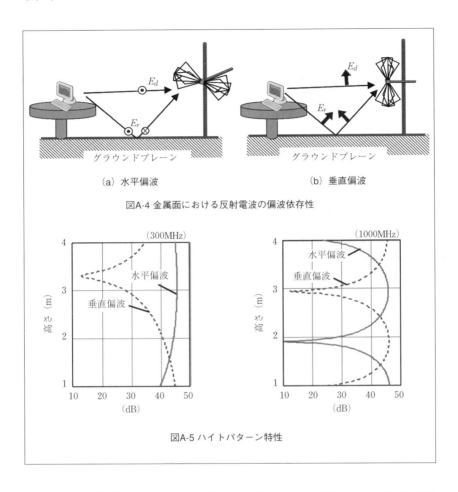

図A-4 金属面における反射電波の偏波依存性

図A-5 ハイトパターン特性

付録3：水平偏波、垂直偏波とグラウンドプレーン表面での反射の影響

　放射エミッション測定の際、水平偏波と垂直偏波の双方を測定する必要があるが、それぞれの偏波でグラウンドプレーン（金属表面）での反射の影響は異なる。グラウンドプレーンを構成する金属表面では、電界は境界条件に従い、金属面に垂直な成分の電界しか存在せず、金属面に平行な成分はゼロとなる。その結果、電界が金属表面と平行となる水平偏波では、図A-4（a）に示すように金属表面での電界をゼロとなるよう、入射電界を打ち消す逆向きの電界が発生する。その結果、

反射波の電界の位相は入射波の電界に対し、180°異なる。一方、垂直偏波の場合には図A-4（b）に示すように、金属表面に垂直な電界はそのまま維持されるので、反射波の電界の位相は入射電界の位相とほぼ等しい。したがって、図A-5に示すようにアンテナの高さに依存した受信電界強度特性（ハイトパターン）は水平偏波と垂直偏波で全く異なる。

付録4：デシベル

一般的に電圧や電流、電力はデシベル（dB）で表示する。電子機器のEMCを扱う際に頻繁に用いられるデシベル値はdBm、dBμV、dBμV/mの3種類である。dBmは電力、dBμVは電圧、dBμV/mは電界強度の単位であり、

$$p[mW] \rightarrow 10 \times log_{10}(P)[dBm]$$
$$V[\mu V] \rightarrow 20 \times log_{10}(V)[dB\mu m]$$
$$E[\mu V/m] \rightarrow 20 \times log_{10}(E)[dB\mu V/m]$$

となる。例えば、10mW、1mW、1μWの電力はそれぞれ、10dBm、0dBm、-30dBm、電圧では、1μV、500μVがそれぞれ0dBμV/m、54dBμV/mとなる（図A-6、図A-7参照）。

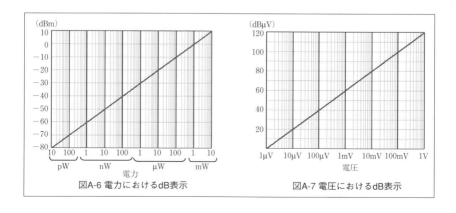

図A-6 電力におけるdB表示　　　図A-7 電圧におけるdB表示

また、スペクトラムアナライザやレシーバなどの高周波の電圧測定器の入力インピーダンスは通常 50Ω であり、これらの測定装置の電力（dBm）と電圧（dBμV/m）の関係は

$$V_{in}[dB\mu V] = P[dBm] + 107$$

である。

（参考）
電力を P [mW]、電圧を V_{in} [μV] とすると電力、電圧とインピーダンスの関係から

$$P \times 10^{-3} [W] = \left(V_{in} \times 10^{-6} [V]\right)^2 / Z$$

両辺の対数をとって 10 をかけると

$$10 \times log_{10}\left(P \times 10^{-3}\right) = 10 \times log_{10}\left(\left(V_{in} \times 10^{-6}\right)^2 / 50\right)$$
$$10 \times log_{10}(P) - 30 = 20 \times log_{10}(V_{in}) - 120 - 10 \times log_{10}(50)$$
$$10 \times log_{10}(P) = 20 \times log_{10}(V_{in}) - 107$$

すなわち、0 [dBm] は 107 [$dB\mu V$] となる。このことはスペクトルアナライザの表示単位の切り替えで確認することができる。

第 3 章
ノイズ対策のためのシミュレーション技術

1. はじめに

コンピュータの性能向上や CAD (Computer Aided Design) ツールを中心とする EDA (Electrical Design Automation) の普及にともない、電気的な特性や、機械的強度、また放熱、音響特性を解析するコンピュータシミュレーション技術が発展し、試作回数の削減や開発期間の短縮を目的として設計フローに組み込まれるようになっている。シミュレーション技術は、EMI の抑制やイミュニティの向上にも有効に使われている。

シミュレーションが行えるソフトウエアをシミュレータと呼ぶ。EMC の領域で用いるシミュレータとして主に、回路シミュレータと電磁界シミュレータがある。回路シミュレータは抵抗やキャパシタ、またインダクタなどの回路素子や伝送線路などの受動回路やトランジスタのような能動素子を組み合わせた複雑な回路の解析を行うことが可能であり、伝送線路上をデジタルの信号が伝搬する際の電圧や電流の特性を解析する場合に用いられる。一方、電磁界シミュレータはプリント基板の配線やビアなどの複雑な構造における電磁波的な振る舞いから装置全体の EMI 特性などを解析することが可能であり、基板のレイアウトルールの構築や、ケーブル、コネクタの解析など広い範囲で利用されている。

第3章では、こうした電子機器の EMC の設計開発に用いられるシミュレーション技術の基礎と、具体的な事例を紹介する。

2. 回路シミュレータとその応用

2—1 回路シミュレータの基本

回路シミュレータはコンピュータを使って回路動作を解析するソフトウエアである。図1に示すように電源 V_1 から抵抗 R_1 に流れる電流を知りたいとする。抵抗の R_1 の両端のつなぎ目であるノード (node)

0とノード1の間に電圧をかけたときの電流はキルヒホッフの法則を用いて求めることができる。回路が複雑になって、ノードが増えた場合にも各ノードについて上述の計算を細かく、繰り返し行うことによって、回路の動作を正確に知ることができる。

　回路シミュレータ（厳密にはアナログシミュレータ）の代表的なものにSPICE (Simulation Program with Integrated Circuit Emphasis) がある。SPICEは1970年代の半ばにカリフォルニア大学バークレー校で開発されたソフトウエアである。その使い方は名称からも明らかなように、当初は主にトランジスタやICの一個一個を細かく模擬し、

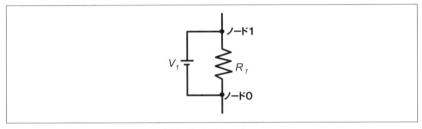

〔図1〕抵抗モデル

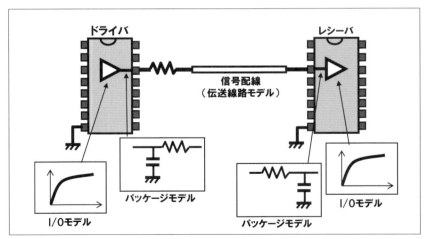

〔図2〕シグナルインテグリティの解析

ICを製造する前に回路の特性評価をする目的に使われていた。その後、しだいにプリント基板などの電子回路の検証にも用いられるようになってきている。図1に示すような回路は次のような記述(ネットリスト)によって計算できる。

　　　R Circuit　　　←表題
　　　R1 0 1 1075　　←ノード0と1の間に10Ωの抵抗R1を挿入
　　　V1 0 1 5　　　←ノード0と1の間に5Vの電圧を印加
　　　.end

2―2　回路シミュレータによるシグナルインテグリティ解析

プリント基板の設計において、SPICEの最も一般的な使われ方はシグナルインテグリティ（Signal Integrity：SI）解析である。図2に示すように信号配線を伝送線路としてモデル化し、ドライバICからレシーバICまでの信号の伝達特性を計算して、伝送された信号波形がレシーバの信号処理を適切に行えるものかどうかを判断する。SI解析において重要なのはドライバやレシーバのI/Oの特性を表現したデバイスモデルである。現在、このデバイスモデルにはSPICEモデルとIBIS（Input/Output Buffer Information Specification）モデルが主に用いられている。SPICEモデルは図3（a）に示すようにIC内部の回路を記述したI/Oモデルであり、一般に多くのSPICE系のシミュレータ

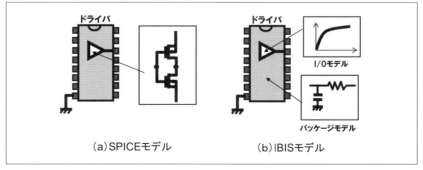

〔図3〕デバイスモデル

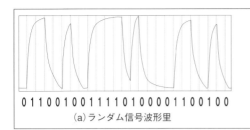 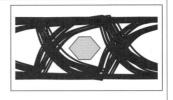

(a)ランダム信号波形里　　(b)アイパターン

〔図4〕アイパターン

で適用可能な素子モデルであるが、一部のモデルは特定のシミュレータでの適用ができない場合もある。一方、IBISモデルは図3(b)に示すようにI/Oの特性を記述したI/Oモデルとパッケージ（インタポーザ）の特性を記述したパッケージモデルなどを統合した統合モデルである。このモデルは1990年代に入って規格化された。SPICEモデルがIC内部の設計情報を含み、その記述から回路を読みとられる恐れがあるため開示に消極的である半導体メーカがあるのに対し、IBISモデルはI/OのV-I特性だけでIC内部の情報が含まれていないことから、現在、広く普及している。

　信号の波形は図4に示すようなアイ・パターン（eye pattern）、もしくはアイ・ダイアグラム（eye diagram）と呼ばれるグラフで評価される。これはランダムな信号の波形をビットごとに重ね合わせたもので、波形の重なり具合が「目」のような形状になることから呼ばれている。ノイズや信号の時間的なずれやゆらぎであるジッタ（jitter）、また信号減衰などにより波形が崩れ、正常な回路動作を損なうような場合、目の部分がつぶれたパターンとなるため、信号の質を一目で判断することができる。

2—3　回路シミュレータによるEMI解析

　回路シミュレータは抵抗やキャパシタのような回路素子を扱うシミュレータであるが、配線やビアなどのレイアウト要素を等価回路として表現することにより、プリント回路基板のような構造の解析に用い

ることができる。本節ではプリント回路基板内部の電源供給系の解析を例として、回路シミュレータによる基板の解析技術を紹介する。

デジタル回路を搭載したプリント回路基板の電源供給系（ICやLSIに電源を供給するための配線で電源配線とグラウンド配線で構成される）の多くは図5に示すように電源配線、グラウンド配線ともに内層のプレーンで構成される。基板のような3次元構造の解析には一般に、後述の電磁界シミュレータが用いられるが、電磁界シミュレータは解析モデルの作成に時間がかかるほか、計算に多くの計算機資源（CPU

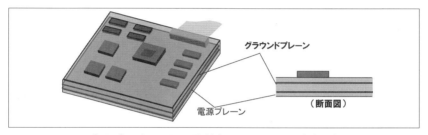

〔図5〕プリント回路基板における電源供給系

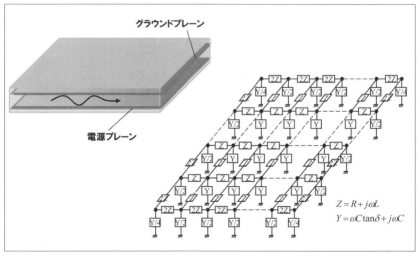

〔図6〕電源供給系の二次元等価回路モデル

●第3章 ノイズ対策のためのシミュレーション技術

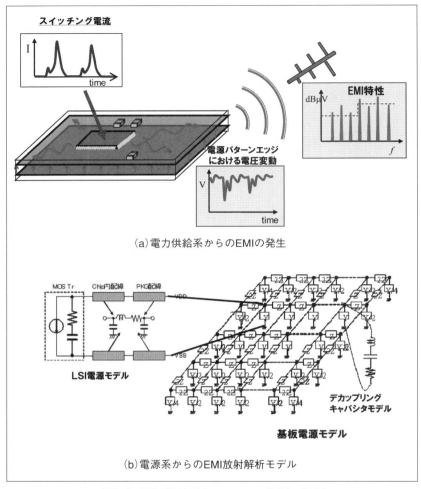

〔図7〕電源供給系からのEMI放射の解析

使用時間やメモリ容量)を必要とするため、簡単に用いることができないことが課題である。一方、プリント基板は平面方向(x-y平面)に広がり、厚み方向(z軸)は波長に比べて十分に短い特徴を有していることから、電流はx-y方向のみに流れるような2次元等価回路モデル(図6)を用いて解析することができる[1]。したがって、ビアや

層間の結合などの縦方向の電気的な特性を適切な形で等価回路として表現することにより、回路シミュレータを利用した解析が可能となる。

図7はこの等価回路モデルを用いて電源プレーン、グラウンドプレーンを内層に持つ四層プリント回路基板からEMI放射を解析した例である。図7（a）に示すようにLSIがスイッチング動作するとき発生する電源電圧変動は電源グラウンド両プレーンで構成された平行平板線路内を伝わり、プレーン端部に電圧を発生させる。この電圧を放射源として基板外に放射するEMIを求めることができる[2]。本解析の等価回路モデルは、図7（b）に示すようにLSIの動作時における電源―グラウンド間の電気的な振る舞いを等価回路で示したLSI電源ピンモデルと電源供給系の2次元等価回路モデル、およびこれらの電源供給系に挿入されたデカップリングキャパシタモデル（キャパシタの容量や、表層のキャパシタパッドと内層のプレーンを接続するビアに固有のインダクタンスなどによる直列回路）によって構成された等価回路ネットワークにより構成されている。

3．電磁界シミュレータ

3―1　電磁界シミュレータの基本原理

電磁界シミュレータは、電磁界（電界と磁界）の振る舞いは次式に示すMaxwellの方程式

$$\nabla \times \vec{H} = \varepsilon_0 \varepsilon_r \frac{\partial \vec{E}}{\partial t} - \vec{J} \quad \cdots\cdots\cdots\cdots\cdots\cdots (1)$$

$$\nabla \times \vec{E} = -\mu_0 \mu_r \frac{\partial \vec{H}}{\partial t} \quad \cdots\cdots\cdots\cdots\cdots\cdots (2)$$

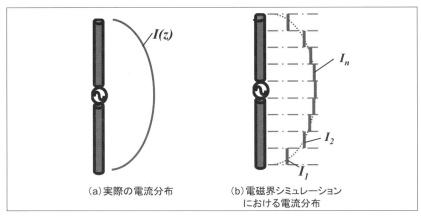

〔図8〕ダイポールアンテナ上の電流分布

$$\nabla \cdot \vec{E} = \frac{1}{\varepsilon_0 \varepsilon_r} \rho \quad \cdots\cdots\cdots\cdots\cdots\cdots\cdots\cdots\cdots\cdots\cdots\cdots (3)$$

$$\nabla \cdot \vec{H} = 0 \quad \cdots\cdots\cdots\cdots\cdots\cdots\cdots\cdots\cdots\cdots\cdots\cdots (4)$$

($\vec{E}$ は電界、$\vec{H}$ は磁界、$\vec{J}$ は電流密度、ε_0 と μ_0 はそれぞれ真空中の誘電率と透磁率、ε_r、μ_r はそれぞれ媒質の比誘電率と比透磁率、σ は電荷密度)

によって記述される電磁界的な現象をコンピュータにより解析する。任意の3次元構造の解析が可能であり、LSI内部の信号の伝送特性から、電子機器全体のEMC特性やアンテナの解析など、広い範囲で利用されている。

電磁界のシミュレーションは基本的に支配方程式の定式化と離散化の二つの段階を経て実行されるが、支配方程式となるのが、上述のMaxwellの方程式、もしくはその変形である。離散化とは、解析する空間もしくは境界をいくつかの小さな領域に分解（離散化）し、それぞれの空間の中では上記のパラメータは一定であるとの近似のもとに、

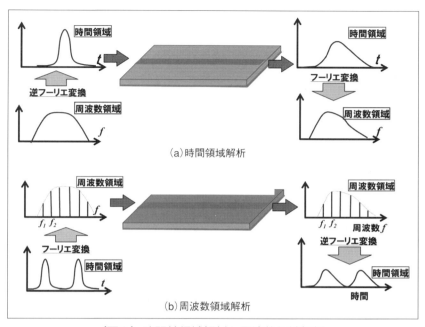

〔図9〕時間軸領域解析と周波数領域解析

電界 $\vec{E}$、磁界 $\vec{H}$、もしくは電流密度 $\vec{J}$ を求める。例えば、半波長ダイポールアンテナ表面の電流分布は図8（a）に示すようにほぼ正弦波状の分布 $I(z)$ であるが、電磁界解析では図8（b）に示すようにダイポールアンテナを複数の区間に分割し、それぞれの区間で電流 $I_1, I_2 \cdots I_n$ のように示される。

電磁界シミュレータを用いた解析は
①時間領域解析
②周波数領域解析
に大別できる。それぞれにより得られた解析結果は、フーリエ変換や逆フーリエ変換することにより、必要とするデータに変換される。例えば、図9に示すような伝送線路の伝搬特性の解析を考える。時間軸解析では、図9（a）に示すように多くの周波数成分を含むパルス波形を入力し、そのパルスの伝搬特性を時間領域上で解析する。得られた

結果はフーリエ変換することによって、周波数領域のデータとして得ることができる。一方、周波数領域解析では、図9(b)に示すように特定の周波数、$f_1, f_2, \cdots, f_n$で、それぞれ伝送特性の解析を行い、その結果を逆フーリエ変換によって時間領域特性に変換する。時間領域解析の代表的な手法にはFDTD（Finite Difference Time-domain：時間領域差分）法、周波数領域解析の代表的な手法には有限要素法（Finite Element Method：FEM）や境界要素法（Boundary Element Method：BEM）がある。以下にそれぞれの解析手法の概要を述べる。

3—2 時間領域解析手法

時間軸解析手法の代表的な手法としてFDTD法を紹介する。FDTD法は1966年にKane Yeeによって提案された。Maxwellの方程式を直接、空間において離散化（図10(a)参照）し、こちらも離散化した時間を変化させ、それぞれの空間における電界$\vec{E}$や磁界$\vec{H}$を逐次計算する。このときの離散化された空間の一つの格子はYeeの格子と呼ばれ、この格子空間の面と辺の中央には電界と磁界の各成分を計算するためのポイントが設けられる。例えば、図10(b)に示すように電界E_zの計算はx軸方向に隣り合うYeeの格子内のH_yの差と、y軸方向に隣り合うYee格子内のH_xの差から求める。

本解析の手法を図11に示すような伝送線路の伝搬特性の解析の例を用いて見てみよう。簡単のため、電界はz軸方向（E_z）のみ、磁界はx軸方向（H_x）のみに存在するもとする。このとき、信号は右ねじの法則にしたがってy軸方向に伝搬する。これは図11(a)に示すように幅が広く、間隔の狭い平行平板線路内部の一部を解析する場合に相当する。この条件を導電電流がない場合のMaxwellの方程式に適用すると(1)式、(2)式にはそれぞれ、

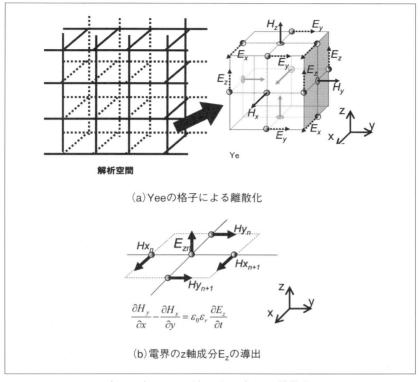

〔図10〕FDTD法による空間の離散化

$$\frac{\partial H_x}{\partial y} = -\varepsilon_0 \varepsilon_r \frac{\partial E_z}{\partial t} \quad \cdots\cdots\cdots\cdots\cdots\cdots\cdots\cdots\cdots\cdots (5)$$

$$\frac{\partial E_z}{\partial y} = \mu_0 \frac{\partial H_x}{\partial t} \quad \cdots\cdots\cdots\cdots\cdots\cdots\cdots\cdots\cdots\cdots\cdots (6)$$

さらにこの式を空間と時間について離散化する。このとき、図11（c）に示すようにYeeの格子の1辺の長さをLとすると、(5) 式は

$$\frac{H_x^k\left(n+\frac{1}{2}\right) - H_x^{k-1}\left(n+\frac{1}{2}\right)}{L} = -\varepsilon_r \varepsilon_0 \frac{E_z^{k+\frac{1}{2}}(n+1) - E_z^{k+\frac{1}{2}}(n)}{\Delta t}$$

$$E_z^{k+\frac{1}{2}}(n+1) = E_z^{k+\frac{1}{2}}(n) + \frac{\Delta t}{\varepsilon_r \varepsilon_0}\left(\frac{H_x^k\left(n+\frac{1}{2}\right) - H_x^{k-1}\left(n+\frac{1}{2}\right)}{L}\right) \quad (7)$$

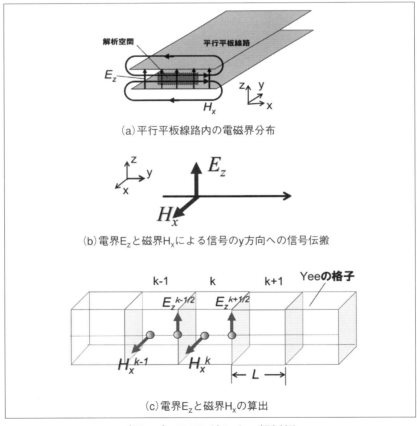

(a) 平行平板線路内の電磁界分布

(b) 電界E_zと磁界H_xによる信号のy方向への信号伝搬

(c) 電界E_zと磁界H_xの算出

〔図11〕FDTD法による解析例

となり、時刻$(n+1)\Delta t$におけるE_zは、時刻$(n)\Delta t$でのE_zと時刻$(n+1/2)$ Δtにおけるk番目の格子のH_x^kと$k-1$番目の格子のH_x^{k-1}の差を用いて求められる。同様にして、(6) 式は

$$\frac{E_z^{k+\frac{1}{2}}(n) - E_z^{k-\frac{1}{2}}(n)}{L} = \mu_0 \frac{H_x^{k+\frac{1}{2}}\left(n+\frac{1}{2}\right) - H_x^{k+\frac{1}{2}}\left(n-\frac{1}{2}\right)}{\Delta t}$$

$$H_x^{k+\frac{1}{2}}\left(n+\frac{1}{2}\right) = H_x\left(n-\frac{1}{2}\right) - \frac{\Delta t}{\mu_0}\left(\frac{E_z^{k+\frac{1}{2}}(n) - E_z^{k-\frac{1}{2}}(n)}{L}\right) \quad \cdots (8)$$

となり、時刻$(n+1/2)\Delta t$におけるH_xは、時刻$(n-1/2)\Delta t$におけるH_xと時刻$n\Delta t$におけるk番目の格子の右側の$E_z^{k+1/2}$と右側の$E_z^{k-1/2}$の差を用いて求められる。このことは、時間領域の最初の時刻について電界が解かれ、時間領域の次の時刻で磁界が解かれる。その後はこの過程が何度も繰り返されることを示している。

3-3 周波数領域での解析手法

電磁界の問題を周波数領域で解く場合に広く用いられる代表的な手法に有限要素法と境界要素法がある。これらの手法は、ある物理的な場を表現する関数をϕとするとき、ϕが次式のような微分方程式で与えられた場合に、

$$\nabla^2 \phi = \left(\frac{\partial^2}{\partial x} + \frac{\partial^2}{\partial y}\right)\phi = 0 \quad \cdots\cdots\cdots\cdots\cdots\cdots\cdots\cdots\cdots\cdots (9)$$

この微分方程式を限られた空間内で解くときに用いられる((9) 式のような微分方程式はラプラス方程式と呼ばれ、電荷の存在しない領域における静電ポテンシャルは同式で示すことができる)。有限要素法、境界要素法のどちらの手法も図12に示すように、解析の領域を適当な部分領域に分けて扱うが、有限要素法では同図 (a) に示すように領

域全体を分けるのに対し、境界要素法は同図 (b) に示すように境界だけを部分境界に分けて扱う。有限要素法の分割は三角形で分割する方法が最も単純でしかも広く利用されている。こうして分割された要素の集合をメッシュ (mesh) と呼ぶ。なお、3次元解析の場合には四面体で分割する。図13に半導体パッケージ解析の際のメッシュ分割の例を示す。上記二つの手法とも、解析領域における関数 ϕ のすべての関係を表現した行列式を作成し、その行列式を解くことによって関数 ϕ を求める。本節ではこれらの解析手法のうち、境界要素法を用いて図14に示すような線上の細長い導体部棒を流れる電流分布の解析例を紹介する（この手法はモーメント法 (Method of Moments) として知られている）。

本手法では特定の周波数における電磁界の特性を計算する。単一周波数を扱うため、Maxwell の方程式（1）式、（2）式の時間に対する微分 (d/dt) は $j\omega$ $(=2\pi f)$ と置き換え、

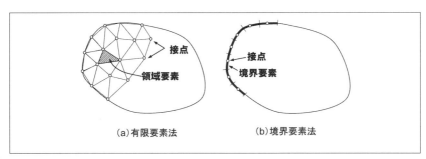

〔図12〕解析領域の分割

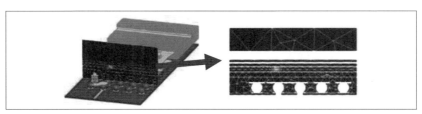

〔図13〕有限要素法によるメッシュの例（半導体パッケージの解析）

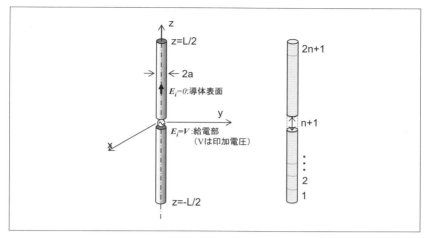

〔図 14〕細長い導体棒の解析

$$\nabla \times \vec{H} = j\omega\varepsilon_0\varepsilon_r\vec{E} - \vec{J} \quad \cdots\cdots\cdots\cdots\cdots\cdots (10)$$
$$\nabla \times \vec{E} = -j\omega\mu_0\mu_r\vec{H} \quad \cdots\cdots\cdots\cdots\cdots\cdots (11)$$

となる。導体棒上を流れる電流を $I(z)$ とすると、これらの式とベクトルポテンシャルの定義から次の関係が導かれる（この方程式はヘルムホルツ方程式と呼ばれる）。

$$\left(\frac{d^2}{dz^2} + k^2\right)\int_{-L/2}^{L/2} I(z) \frac{e^{-jk|z-z'|}}{4\pi|z-z'|} dz' = -j\omega\varepsilon E_i(z) \quad \cdots\cdots\cdots (12)$$

ただし、$k^2 = \omega^2\varepsilon\mu$

$E_i(z)$ は導体棒状の z 軸方向の電界成分であり、境界条件によって、導体表面上ではゼロとなる。この解析ではベクトルポテンシャル $A(z)$、もしくは電流 $I(z)$ が求める関数である。さて、図14の導体を長さ方向に $2n+1$ 個に等分するとともに、(12) 式に含まれる微分演算子をポイントマッチング法、ガラーキン法などの数学的な手段を用いて定数として扱えるよう離散化することにより、最終的に次式のような

行列式が得られる。

$$\begin{bmatrix} Z_{1,1} & Z_{1,2} & \cdots & \cdots & \cdots & \cdots & Z_{1,2n+1} \\ Z_{2,1} & \ddots & \ddots & \cdots & \ddots & \ddots & \vdots \\ \vdots & \ddots & \ddots & \cdots & \ddots & \ddots & \vdots \\ \vdots & \vdots & \ddots & Z_{n+1,n+1} & \ddots & \ddots & \vdots \\ \vdots & \vdots & \ddots & \ddots & \ddots & \ddots & \vdots \\ \vdots & \ddots & \ddots & \cdots & \ddots & \ddots & \vdots \\ Z_{2n+1,1} & \cdots & \cdots & \cdots & \cdots & \cdots & Z_{2n+1,2n+1} \end{bmatrix} \begin{bmatrix} I_1 \\ I_2 \\ \vdots \\ I_{n+1} \\ \vdots \\ I_{2n} \\ I_{2n+1} \end{bmatrix} = \begin{bmatrix} 0 \\ 0 \\ \vdots \\ V \\ \vdots \\ 0 \\ 0 \end{bmatrix}$$

$\cdots\cdots\cdots$ (13)

Vは印加電圧

　本行列式の逆行列を解くことにより、各セグメントを流れる電流I_1, I_2, $\cdots I_n$, I_{2n+1}を求めることができる。図15にこうして得られた導体線上の電流分布を示す。本手法は周波数領域における解析のため、解析は周波数別に行うことになる。なお、本解析においては導体表面を境界として部分領域に分割した。

　有限要素法、境界要素法はこのように最終的には行列式を解くことによって解が得られるため、メッシュ数を増やすと、解析時間は増加する。特に、領域全体をメッシュで分割する有限要素法は行列の要素がメッシュ密度の2乗（3次元の場合には3乗）に比例して増加するため、解析時間は指数的に増加する。プリント基板のように厚さが波長に比べて十分に短い構造では二次元的な電磁界の変化を主とした解析が行われる。これは2.5次元解析などと呼ばれ、解析するパラメータを少なくできるため、解析時間を短縮できるメリットがある。

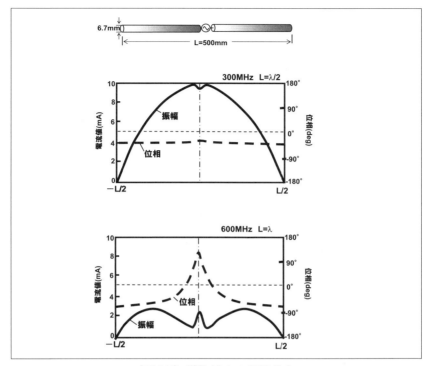

〔図 15〕導体棒上の電流分布

4．EMC 設計におけるシミュレーションの役割

　電子機器の EMC 設計におけるシミュレーションの役割は、大きくに二つに分けることができる（表 1）。その一つは設計ルールの構築や性能向上に向け新たな構造の創出を目指したメカニズム解析への適用である。実際にパッケージやボードの作製を行わず、設計パラメータと特性の関係や電磁気学的なメカニズムを知ることができるため、設計ルールの構築に関わるコストや時間を大幅に短縮することができる。この種のシミュレーションの対象は設計ルールを整備する共通技術部門の技術者や、新構造を提案する研究者である。高精度であることが要求されるため、主として実装構造をそのままモデル化して解析する

〔表1〕実装設計における電磁特性シミュレーションの役割

目的	設計ルールの作成 新しい構造の創出	設計結果の検証、動作確認
対象	設計ルールの作成 新しい構造の創出	製品開発部門の 技術者、設計者
要求される性能	高精度	短解析時間
中心となるツール	電磁界シミュレータ	回路シミュレータ

FDTD法や有限要素法を用いた電磁界シミュレータが用いられる。

　もう一つの役割は設計の検証と動作の確認を行うためのシミュレーションである。設計パラメータを変化させながらレイアウトを最適化していくWhat if解析や、機器の動作確認をハードウエアの試作や製造の前に確認し、その良否を判断するために用いられる。主に設計者を対象とし、回路やレイアウト設計におけるリアルタイムでの修正に使われるため、解析に要する時間は短いことが要求される。シミュレーション時間を短縮するためにはモデルの簡略化が重要であり、現在では実装レイアウトを等価回路で表現し回路シミュレータを用いて解析する手法が広く用いられている。近年、コンピュータの性能やモデル化技術の向上による計算時間の短縮が図られており、この種の目的に前述の電磁界シミュレータを使用するケースが増えている。

5．むすび

　EMCの解析は設計に回路シミュレータや電磁界シミュレータが多用されるようになって久しい。こうしたシミュレータはブラックボックスとして使われることが多く、内部の解析手法やモデリング手法などについて触れることはほとんどなく、また、その運用においてもシミュレータベンダーが提供するマニュアルに沿って行われることがほとんであると思う。しかしながら、シミュレーションがアナログ的（連続的）に起こっている物理的な現象をデジタル的（離散的）に扱っている以上、そこには少なからず、仮定や近似が含まれているはずである。実際の

シミュレーションにあたっては、こうした仮定や近似を理解しておく必要がある。今後、CPUの速度やメモリ容量などのコンピュータ性能のさらなる向上により、シミュレーション精度向上や解析時間の短縮が進んでいくことが期待される。こうした中にあっても、自らの行っている解析がどのような手法により、またどのような近似の元で行われているかを、常に認識し、得られた解析結果を鵜呑みにしないことが重要である。

● 参考文献

1) J. Kim, M. Swaminathan : "Modeling of Multilayered Power Planes Using Effects Using Transmission Matrix Method", IEEE Trans. On Advanced Packaging, Vol.25, No.2 pp189-199, 2002

2) 楠本, 原田, 和深:「プリント配線板電源系からのEMI解析モデル」, 2006年エレクトロニクス実装学会講演大会, 23B-15, 2006年3月

第 4 章
電子機器におけるノイズ対策手法

1. はじめに

本章では電子機器のノイズ対策としては最も重要な実装フェーズであるプリント基板を対象として具体的なノイズの発生要因と対策手法を述べることにする。

第1章で電磁ノイズの発生要素が発生源、伝達経路、アンテナの3つの要因に分離して考えることができることを述べた(図1 (a) 参照)[1]。本稿において考えているノイズは、デジタル回路の動作時に回路間に発生する電流、電圧がLSIパッケージやプリント基板の配線レイアウト、また、それらのレイアウトに付随して存在する寄生インダクタンスや浮遊容量による想定外の電圧降下や電流変動に起因したものである。したがって、上記に示したノイズ発生要素と電子機器の構成要素であるLSIチップ、LSIパッケージ、プリント基板の各実装構造構を照らし合わせて見ると、図1 (b) に示すようにLSIチップが発生源、LSIパッケージはもっぱら伝送経路として、さらに、基板の配線、グ

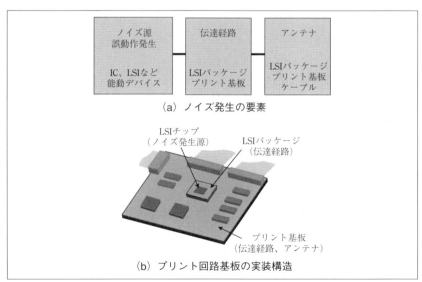

〔図1〕ノイズ発生要因と実装構造

ラウンド、電源供給などの各パターンは伝送経路とアンテナに相当することになる。本章では、主としてプリント基板の配線パターンに着目し、ノイズの発生や放射を抑制するための手法を述べる。

2．基板を流れる電流

　プリント回路基板のノイズ対策を考える上で是非、理解しておきたいのが電流の経路である。電流には大きく分けて2種類のモード
　　①ディファレンシャルモード（ノーマルモードとも呼ばれている）
　　②コモンモード
がある。①ディファレンシャルモード電流は図2に示すようにループを描くように流れる電流であり、通常の信号配線を流れる電流が相当する。シングルエンドの回路の場合、ドライバICからレシーバICを結ぶ信号配線に電流が流れるとグラウンドパターン上をリターン電流が流れ、ループを構成する。この電流ループはループアンテナとして動作し、ノイズを放射させる。したがって、この放射を抑制する手段としては電流ループの面積を極力小さくすることが考えられる。ところで、電源供給プレーン（パターン）はデバイスへの電源供給の役目を持っていることから直流的には電位が異なるが、高周波的にはほぼグラウンドと同電位であり、リターン電流の経路となり得る。このような理由からグラウンドプレーンや電源プレーンはリターンプレーン（もしくは、信号電位の基準としてレファレンスプレーン）と呼ばれることもある。ノイズ対策を考えるにあたっては、後に述べるようにこ

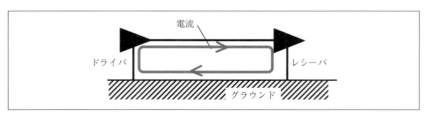

〔図2〕ディファレンシャルモード電流

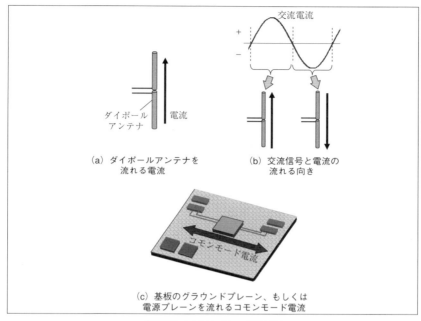

(a) ダイポールアンテナを流れる電流
(b) 交流信号と電流の流れる向き
(c) 基板のグラウンドプレーン、もしくは電源プレーンを流れるコモンモード電流

〔図3〕コモンモード電流

のリターン電流の振る舞いに着目する必要がある。

一方、①コモンモード電流の代表的なものにダイポールアンテナを流れる電流が挙げられる（図3 (a)）。電流の流れる向きが一方向であるため、ディファレンシャルモード電流と比較して放射を打ち消すリターン電流が存在せず、ノイズを放射しやすい。電流が流れるためには常にリターンが必要であると考えるとコモンモード電流はなかなか理解しがたい。しかしながら、図3 (b) に示すように交流電流信号の場合には半周期ごとに極性が変わるため、一方向に電流が流れ続けることがなく、同じエリアを電流が行ったり来たりしていると考えると、コモンモード電流の存在も理解できるのではないだろうか。また、Howard Johnsonはその著[2]の中で、変位電流の考え方を適用することで、電流ループが構成されると説明している。プリント回路基板においては、コモンモード電流は多くの場合、グラウンドプレーンや

電源プレーン上を流れる（図3（c））。

　以下の項ではディファレンシャルモード、コモンモードのそれぞれのモードの電流に起因するノイズ発生のメカニズムとその対策手法を述べる。

3．ディファレンシャルモード電流に起因する
　　ノイズ抑制対策Ⅰ　—信号配線系—

　ディファレンシャルモード電流に関係して発生するノイズの抑制手法を考えるためにはまず、リターン電流の振る舞いを理解しておく必要がある。ここで、図4（a）に示すようにドライバICとレシーバIC、そしてそれぞれのデバイスを接続する配線で構成されるデジタル回路を搭載したプリント回路基板を考える。グラウンドは基板の内層全体を広がるプレーン状に構成されているとする。デジタル信号がドライバからレシーバまで伝送するとき、リターン電流はどのような経路で流れるであろうか？答えは低周波と高周波で異なる。低周波（およそ10kHz以下）では、電流はループの抵抗が最も低くなるような経路で流れるのに対し、高周波（およそ10kHz以上）ではループのインダクタンスが最も小さくなるような経路を流れる。したがって、低周波の場合には図4（b）に示すように、リターン電流はレシーバとドライバを結ぶ直線を中心に総合的な抵抗が低くなるようにある程度の広がりをもって流れる。一方、高周波では、電流の経路であるループのインダクタンスはその面積にほぼ比例することから、図4（c）に示すようにループの面積が最小となる信号配線直下のリターンプレーン上を集中して流れる。

　このリターン電流の不連続はしばしば大きなノイズ発生原因となる。例えば図5に示すように、配線直下のリターンプレーン（グラウンドプレーン or 電源プレーン）上に設けられたスリットがそれにあたる[3]。これは同図に示すようにリターン電流がスリットの周囲を大きく遠回りする結果、スリットの両辺に電界が生じ、それが放射源となるため

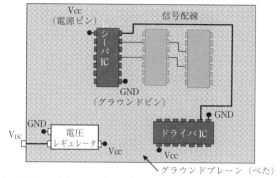
(a) グラウンドプレーン（べたグラウンド）を有するプリント回路基板

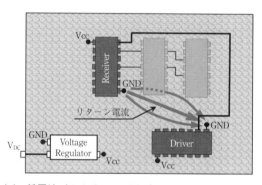
(b) 低周波（およそ10kHz以下）でのリターン電流経路

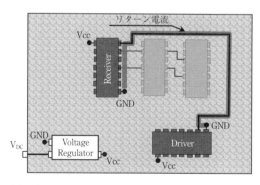
(c) 高周波（およそ10kHz以上）でのリターン電流経路

〔図４〕リターン電流の経路

●第4章 電子機器におけるノイズ対策手法

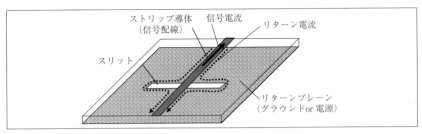

〔図5〕配線の直下のリターンプレーン（グラウンド or 電源プレーン）

である。通常、リターンプレーン上にあえてスリットを設けるケースは少ないが、例えば図6（a）に示すように、複数本のバスラインを異なる層にグラウンドプレーンをまたがって配線する際、配線とプレーン間のショートを避けるためにプレーンに設けられた複数のクリアランスがつながってしまった場合、図6（b）に示すように、グラウンドと電源供給プレーンの双方をリターン電流の経路とする場合や、電圧の異なる電源供給形プレーンをリターン経路としている場合に相当する。このとき発生するノイズのレベルはスリット長が長く、リターン電流の迂回経路が長くなるほど高い。

　本構造に起因して発生するノイズ低減対策の基本的な考え方は、リターン電流の流れを阻害する要因を取り払い、リターン電流がスムーズに流れるようにすることである。例えば、図7（a）に示すように、バスラインのように複数の平行配線に対しては、クリアランスの重なりをなくすため、層間配線（ビア）の位置をずらす、また、電圧の異なるプレーンをリターンプレーンとする場合には同図（b）に示すように、複数のプレーン間をキャパシタで接続して高周波の電流パスを設ける（キャパシタを用いるのは直流でのアイソレーションを確保するため）などの手法が効果的である。なお、第1章で説明したように、デジタル回路における信号電流は基本的にはレシーバの入力容量を充放電するための電流である。したがって、この電流に起因して発生するノイズは基本周波数の奇数倍（基本周波数が100MHzの場合には100MHz、300MHz、500MHz、…）のレベルが高い。

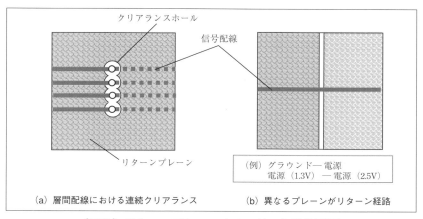

〔図6〕リターンプレーン上のスリット発生要因

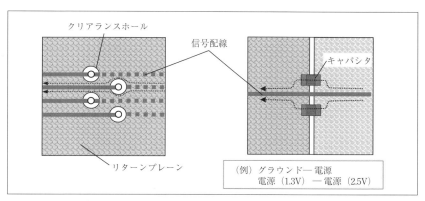

〔図7〕スリットの影響によるノイズの低減手法

　ディファレンシャルモード放射低減手法の一つに、図8に示すように信号配線に沿ってグラウンドと同電位の配線パターンを設ける手法がある。この配線はグラウンドパターンやガードパターンなどと呼ばれ、信号配線とグラウンドプレーンで構成されたマイクロストリップ線路構造に、グラウンド（ガード）パターンをグラウンドプレーンよりも信号配線パターンに近づけて配置し、リターン電流の経路をこのパターン上に確保することによりループ面積の縮小に寄与している。

●第4章 電子機器におけるノイズ対策手法

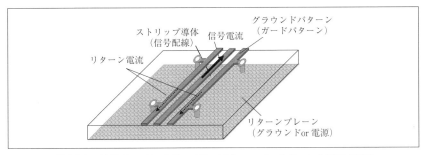

〔図8〕グラウンド（ガード）パターンによるノイズの抑制

　さらにドライバの出力端にダンピング抵抗やフィルタを挿入して、信号電流そのものを低減する手法も基本的な放射抑制手法として重要である。ただし、この手法は信号波形に影響を与え、特に高周波成分が減衰して波形が鈍るため、その定数の選択には細心の注意が必要である。

4．ディファレンシャルモード電流に起因する
　　ノイズ抑制対策Ⅱ　—電源供給系—

　基板上の各デバイスに電源を供給する電源パターンとグラウンドパターンで構成された電源供給系（PDN：Power Distribution Network）もノイズを発生させる。電源供給系のノイズは図9に示すようにLSIがスイッチング動作を行う際に、電源ピン—グラウンドピ

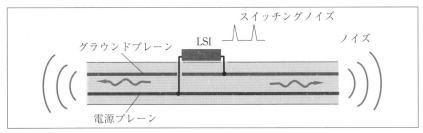

〔図9〕電源供給系（電源—グラウンドプレーン）のノイズの発生要因

ンを流れる電流が、電源供給系自身やLSIと各プレーンを接続する配線のインダクタンスを流れる際に発生する電圧変動が、電源プレーンとグラウンドプレーンで構成された系を平行平板伝送線路として内部を伝搬し、そのエッジ部分に生じた電圧が放射源となって基板の外部にノイズを放射するものである。このノイズはグラウンドプレーンと電源プレーンで構成された伝送線路伝播する電流によるものであり、ディファレンシャルモードに分別される。したがって、二枚のプレーン間の距離を小さくする、電源―グラウンドプレーン間にキャパシタを搭載し高周波的に短絡する、などループ面積の縮小がノイズ低減手段として有効である。なお、デジタル回路ではクロックの一周期にOFF → ON、ON → OFFの2回のスイッチングが行われ、その都度、電源供給系にパルス電流が流れる。そのため、この系からの放射はクロック周波数の偶数倍（基本周波数が100MHzの場合には200MHz、400MHz、600MHz、…）のレベルが高い。

図10（a）に示すように信号配線がビアを介して電源プレーンとグラウンドプレーンをまたぐ信号配線もまたノイズの発生源となる。この放射は信号配線を流れる信号電流がノイズの発生要因であることか

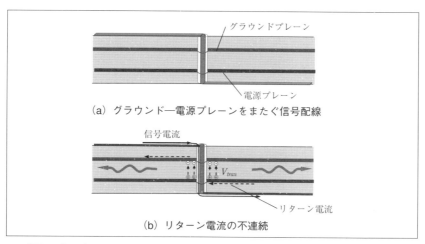

（a）グラウンド―電源プレーンをまたぐ信号配線

（b）リターン電流の不連続

〔図10〕グラウンド―電源プレーンをまたぐ配線によるノイズの増加

ら、クロック周波数の奇数倍の周波数で高いレベルとなる。図は四層基板の例である。第2層がグラウンドプレーン、第3層が電源プレーンとすると、前述のようにリターン電流は配線に最も近い層を流れようとする。したがって、信号配線が第1層に配線されている左の領域ではリターン電流は第2層のグラウンドプレーンの上側を、また、第4層に配線された右の領域では第3層の下を流れ、その結果、層間配線部分の周囲でリターン電流に不連続を生じる。このような直接の接続がない場合、高周波電流は二つのプレーンで構成されたキャパシタを介して流れる。この場合、図10（b）に示すようにキャパシタは、グラウンドプレーンと電源プレーンのビアの周囲に構成される。キャパシタを流れる電流は変位電流であり、両電極間に発生した電圧の時間変化、

$$I_{return} = C\frac{dV_{tran}}{dt}$$

によって生じる。電源、グラウンド両プレーンの層間配線の周囲に発生した電圧 V_{tran} はノイズとなって、前述のLSIのスイッチングノイズと同様に電源供給系内部を伝搬し、ノイズ放射を発生させる。この層間に発生するノイズ V_{tran} は、層間の容量Cを大きくし、不連続部のリターン電流の経路に対するインピーダンスを下げることによって低減できる。すなわち、電源、グラウンド両プレーン間をなるべく薄い誘電体ではさんで近接させることがノイズ低減のために有効な手法となる。

　一般に電源供給系は1.2V、2.5Vなど、LSIに直流電圧を供給する系として設計されるが、ノイズを考慮した場合には高周波回路としての取り扱いが必要となる。

5. コモンモード電流に起因するノイズ抑制対策

プリント回路基板のリターンプレーン（グラウンドプレーンや電源プレーン）、また、基板に接続されたケーブルにはコモンモード電流が流れる。コモンモード電流は前述のようにダイポールアンテナを流れる電流に等しく、ディファレンシャルモード電流と比較して、そのレベルは極めて低いが、放射を打ち消すリターン電流が存在しないため高いレベルのノイズの放射を発生させる。基板やケーブルにコモンモード電流が励振される要因としては

① グラウンドプレーンの不連続[5]
② 平衡線路と不平衡線路の変換部[6]
③ デバイスや信号配線を流れるディファレンシャルモード電流との結合[7]

などが考えられている。このうち、③では図11に示すように、LSIや信号配線とリターンプレーン（主にグラウンドプレーン）で構成されたループを流れるディファレンシャルモード電流により発生した高周波の磁界がグラウンドプレーン（もしくは電源プレーン）全体を励振してコモンモード電流を発生させるメカニズムとして紹介されている。そのような理由から、デジタル回路を搭載した基板において、グラウンドプレーン上を流れるコモンモード電流の向きは主として信号配線と平行となり、その放射レベルはディファレンシャルモード電流によ

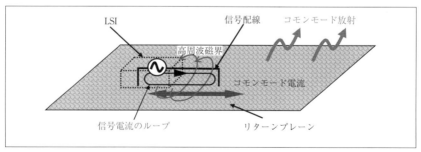

〔図11〕コモンモード電流発生のメカニズム

●第4章 電子機器におけるノイズ対策手法

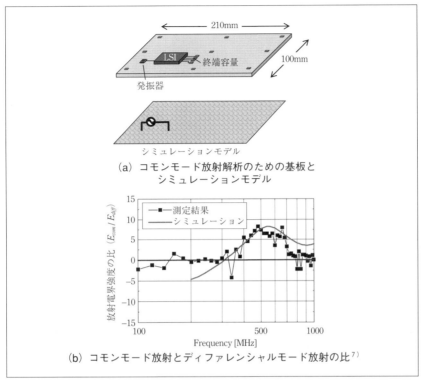

〔図12〕コモンモード電流によるノイズの放射特性

る放射レベルに比例する[7]。ここでは本メカニズムによる放射の例を図12(a)に示すような210mm×100mmのサイズを持つ基板の例で紹介する。

この基板には発振器、LSIと終端容量で構成された簡単な回路が搭載されている。基板からのノイズの放射はLSIや信号配線とグラウンドプレーンで構成された電流ループの作るディファレンシャルモード放射（E_{diff}）とグラウンドプレーンを流れるコモンモード電流による放射（E_{com}）に分けられる。これらはディファレンシャルモード放射がループ電流に起因し、コモンモード放射がグランウドプレーンをダイポールとみなして発生する放射メカニズムを念頭におき、放射測定に

おける観測面と水平、垂直の偏波の関係を用いて分離することができる[7]。図12（b）にこれら二つのモードの放射電界強度の比（E_{com}/E_{diff}）を■で示す。500～600MHzの周波数帯においてコモンモード放射レベルが増加し、約550MHzにおいてピークをとる。図中の実線はこの基板を電流ループとグラウンドプレーンで模擬したモデルを用いて電磁界シミュレーション（FDTD法：第3章参照）によって解析した結果であり、実験結果とほぼ同じ周波数特性が得られている。この結果は信号配線を流れる電流が一定であっても、周波数によって放射レベルが異なることを示している。コモンモード放射のピークはグラウンドプレーン長に依存し、サイズの大きいグラウンドプレーンを有する基板では低周波側に、小さいプレーンを持つ基板では高周波側にシフトする。したがって、グラウンドプレーンのサイズを変化させることによりノイズの放射特性をコントロールすることが可能である。なお、ダイポールアンテナではアンテナの長さが半波長に相当する周波数で放射は最大となるが、プリント回路基板のようなプレーン状で、長さに対して幅が無視できない導体の場合には、半波長に相当する周波数よりも低い周波数でピークが発生する[5]。また、コモンモード電流による放射は、信号配線に同一のレベルの電流が流れている場合には配線パターンがリターンプレーンの端部に近づくほど増加することが知られている[9]。

　以上のメカニズムを考えると、コモンモード電流の抑制にはディファレンシャルモード放射を低減する手段、例えば、配線長を短くする、配線とリターンプレーン間の距離を短くする、グラウンド（ガード）パターンを設けてループの面積を小さくするなどの手法や、高速の配線パターンをリターンプレーンの端部から離してレイアウトするなどの手法が有効であることがわかる。

6．むすび

　第1章から第4章では、「電磁ノイズ発生メカニズム」と題して、主として初めて電子機器のノイズ設計に携わる技術者が必要と思われる技術を紹介した。ノイズ対策を知る上で重要なデジタル回路の振舞いやノイズの評価手法、電磁界を可視化することによるノイズ発生メカニズムの解明や機器設計を支援する電磁界シミュレーション技術、そして、最後にプリント回路基板を対象とした具体的なノイズ発生のメカニズムと対策手法について述べた。

　筆者がEMCの世界に関わりを持った1980年代後半から1990年代の前半にかけては、ノイズ問題への対応はもっぱら経験やノウハウにたよることが多く、必ずしも設計技術として確立してはいなかった。その後、多くのEMC研究者、技術者の努力により、少しずつノイズ発生のメカニズムが解明され、抑制技術の体系化が為されてきた。本稿では、こうして体系化されてきた技術の一部を紹介したつもりである。ノイズ対策や電子機器設計に携わる技術者にとって、少しでも役に立つことができれば幸いである。

●参考文献

1) 櫻井：「EMC 設計に向けて」, エレクトロニクス実装学会誌, Vol.4, No.6, pp.531-536, 2001 年 9 月
2) H. Johnson 著, 須藤監訳：「高速信号ボードの設計─基礎編─」, 丸善第 2 章, p.42, 2007 年 7 月
3) 丸山, 他：「放射ノイズを低減する基板実装設計手法」, 1993 年電子情報通信学会春季大会 B-263, 1993 年 3 月
4) E. ボガディン著, 須藤監訳：「高速デジタル信号の伝送技術」, 丸善, 第 7 章, p.219, 2010 年 7 月
5) 岡, 他：「プリント基板からの放射エミッション抑制効果に対するグラウンド幅の依存性」, 信学論（B）, J82-B, 8, pp.1586-1595, 1999 年
6) 渡辺, 他：「有限幅グランド基板に生じるコモンモード電流とノーマルモード電圧の関係」, 信学技報, EMCJ98-35, 1998 年
7) 佐々木, 他：「プリント回路基板からの不要電磁波放射の信号配線レイアウト依存性」, 電子情報通信学会和文論文誌 B, J90-B, No.11, pp.1124-1134, 2007 年 11 月
8) 櫻井秋久：「EMI を考慮したプリント配線板設計技術」, サーキットテクノロジー, Vol.9, No.4, 1994 年 7 月

電磁ノイズを克服する法

名古屋工業大学	高　義礼
	藤原　修
一般社団法人 KEC 関西電子工業振興センター	針谷　栄蔵
青山学院大学	橋本　修
独立行政法人 情報通信研究機構	石上　忍
株式会社 村田製作所	山本　秀俊
オリジン電気株式会社	大島　正明
株式会社 日立製作所	小林　清隆

第5章　静電気
帯電人体からの静電気放電とその本質

<名古屋工業大学　高　義礼・藤原　修>

1. はじめに

近年の半導体技術の飛躍的な進歩に伴い、ICの高速・高集積化が進んだ結果、電子機器の高性能かつ高機能化が促進されたが、その一方で、電磁雑音に対する機器耐性の低下が問題となっている。特に、帯電した人体からの静電気放電（ESD：Electrostatic discharge）は広帯域の過渡電磁雑音を引き起こすため、電子機器に深刻な障害を与えることが報告されている[1〜3)注1)]。

このような背景から、ESDに関する電子機器の耐性（イミュニティ）試験法が国際電気標準会議（IEC：International Electrotechnical Commission）で取り決められ、1995年に静電気試験規格IEC 1000-4-2[4)]として第1版が発行された。そこではドライバー等の金属棒を手にした帯電人体を想定して設計された静電気試験器（ESDガン）の機器への接触と気中の2種類の放電電流注入法が記述されている。接触放電は、ESDガンを供試機器に直接接触させて電流を注入する方法であり、IEC推奨の試験法である。気中放電とは、絶縁塗装の筐体をもつ機器のように接触放電が直接おこなえない場合の試験法とされ、供試機器に充電されたESDガンを近づけ空隙の火花放電を介して電流を注入する方法である。IEC 61000-4-2の以前には、帯電人体からのESDを模擬するために上述の気中放電が頻用されていたが、電流波形の再現性の悪さから試験結果が揃わず、それゆえに安定した波形の得られる接触放電が推奨されるようになったとされる。その後は、IEC 61000-4-2に軽微の修正が加えられ、2001年にはIEC 61000-4-2 Edition1.2[5)]として改訂を受け、さらに、2008年12月には第2版[6)]が発行され現在にいたっている。

結局、IEC 61000-4-2は、帯電人体からのESDを模擬した静電気試験法とされながらも、接触放電が基本であり、本来の帯電人体からの放電である気中放電とは放電のメカニズムが大きく異なる。そのため、耐性試験をパスしても実使用環境においては誤動作が発生するといった事例が後を絶たない。したがって、帯電人体からの気中放電の

メカニズムを解明し、現実の ESD を忠実に模擬しながらも安定な耐性試験法の提案につなげていくことが求められている。

本章では、ESD ガンの接触と気中の両放電に対する放電電流波形を、実際の帯電人体からのそれと比較し、これらの相違を示す。次に、帯電人体の金属棒を介した放電電流を接近速度との関係において測定し、電流ピークとその立ち上がり時間を求めた結果を示す。さらに、元来、直接測定が不可能である放電電圧を、放電電流の測定波形から筆者らの提案になる等価回路モデルを用いて推定し、これらの波形を用いて求めた時変の火花抵抗、火花長、電位傾度（絶縁破壊電界）の帯電電圧依存性について示す。

注 1) ESD は、機器システムの誤動作を不測に頻発させ、システム全体の性能を劣化させる。ESD は歩行人体や金属椅子の移動などの多種多様な帯電現象に起因して生ずるので、発生の予測は非常に難しいが、対策のアプローチは理屈の上では単純明快である。即ち、静電気の発生・帯電が火花放電を誘発し、それによる発生電磁界が電子機器の電磁障害を引き起こすので、対策アプローチを要因別に分類すれば、静電気除去、帯電防止、火花放電の防止、機器イミュニティの向上となろう。静電気の除去には、摩擦要因を取り除く、帯電しにくい材質に変更する、湿度を制御する、イオン風で除電する、といった方法が知られている。しかしながら、いずれの方法でも静電気を完全に除去することは現時点でさえ不可能に近い。帯電防止についても静電気除去と基本的な考え方は同じであり、その方法を適用できるが、100%の帯電防止はできない。放電防止には、除電する、金属部を絶縁塗装して電界集中を緩和させる、といった方法もあげられるが、前者は具体的実現が難しく、後者は発生 ESD に対しては界レベルをかえって上昇させる恐れもある。帯電や放電を防止する方法として、機器を接地して局所的な電荷蓄積を解消する方法がよいともされるが、現実の効果には疑問点も多い。機器イミュニティ向上の抜本策については未だ確立されていない。経験的手法としては、機器を接地する、シールドする、フェライトコア等による損失フィルタを具備する、といった従来の放射雑音低減策と同じ方法が取られてはいるが、低雑音と高イミュニティとの双対性は必ずしも成り立たず、実際の効果には不明の点が多い。結局、ESD 対策には抜本的な決定打はなく、機器システムの EMC 設計を確実に積み上げることが ESD に対する最も効果的な防止策になり得るものと筆者らは信ずる。

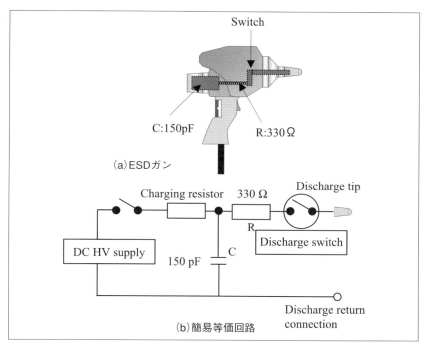

〔図1〕IEC規定のESDガン（a）およびその簡易等価回路（b）

2. IEC静電気耐性試験法と帯電人体ESD

　図1は、IEC 61000-4-2で規定された静電気試験器（以降はESDガンと呼ぶ）の構造と簡易的な等価回路を示す。この種のESDガンは、人体の静電容量Cに相当する150pFのコンデンサCに充電した電荷を、皮膚抵抗に相当する330Ωの抵抗器Rを介して放電する装置であり、充電電圧は接触放電では2kVから8kV、気中放電では2kVから15kVと定められている。ESDガンの接触放電に対する典型的な放電電流波形をIEC規定の許容範囲と併せて図2に示す。同図のエラーバーは許容範囲を示す。

　ESDガンの放電電流波形の校正はIEC推奨の電流検出変換器を用いておこなうことになっており、得られた電流波形の立ち上がり時間、

電流ピーク、30ns および 60ns 後の電流振幅が許容範囲に収まるかどうかを調べることになっている。しかしながら、IEC の規格では上記のような波形の規定があるものの、波形全体を決めているわけではない。ESD ガンの電流波形はガン内部のインダクタなど電流経路における構造的な不連続性に伴う電流の反射による振動成分[7]があるため、波形全体を規定することは難しい。このため、IEC の規格におさまる電流波形をもつガンであってもガンの種類によって試験結果が大きく異なる事例[8]も報告されている。さらに、実際の耐性試験においては機器筐体への ESD ガンの先端電極やアースリターンケーブルの配置が電流波形に影響することも明らかになってきている[9]。このように、現行の試験規格では試験結果のばらつきを与える可能性のある因子が多数存在し、しかもそれらがどの程度試験結果に影響するかもはっきりしておらず、今後十分な検討が必要とされている。一方、実際の帯

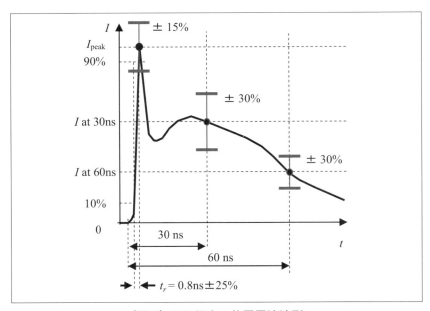

〔図2〕IEC 規定の放電電流波形

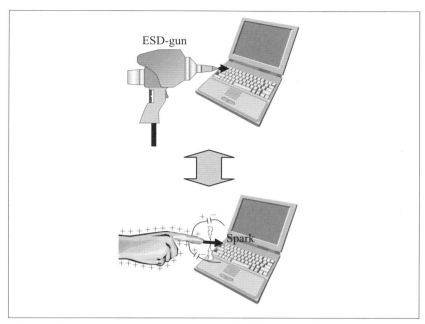

〔図3〕ESDガンの接触放電（上）と帯電人体からの気中放電（下）の違い

電人体からのESDにおいては図3に示すように体表面の分布電荷が指先などを通って放電されるため、ESDガンのように集中コンデンサ（150pF）に蓄積された電荷を、皮膚抵抗を模擬した集中抵抗（330Ω）と金属電極を通して放電する状況とは本質的に異なる。また、気中放電では、指先などの移動速度が放電電流波形に影響する[10]こと、特異事象[2,3]として、数百ボルトといった低電圧ESDのほうが数キロボルトの高電圧のそれよりも発生電磁界の周波数スペクトルが広帯域にわたり、機器被害も大きいことなどが知られてはいるが、その機構は未だ解明されていない。ESDガンの接触と気中の両放電に対する放電電流波形を、帯電人体からのそれと比較して図4に示す。充電電圧はいずれも2.5kVである。結果から、この場合の接触放電と気中放電の電流ピークはだいたい一致するものの、気中放電の電流立ち上がり時間は接触放電のそれに対して10分の1程度（100ps前後）と短くなる

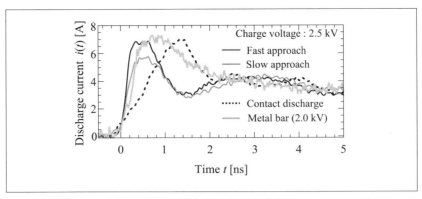

〔図4〕ESDガンの接触放電と気中放電における電流波形の違い

ことがわかる。さらに、気中放電では電極の接近速度（Fast or Slow approach）が電流ピークの値や電流立ち上がり時間に大きく影響することが見て取れる。一方、金属棒を握った帯電人体からの放電電流波形の測定例もあわせて図中に示す。この場合の帯電電圧は2.0kVである。図から、電流波形の立ち上がり時間はESDガンの接触放電とはまったく異なり気中放電の場合とほぼ同様であること、しかしながら、電流波形の立ち下がり部分ではESDガンの気中放電とは大きく異なっていることなどがわかる。ただし、電流波形の立ち上がり部分における歪さの原因については不明である。このように、実際の帯電人体からの放電電流波形とESDガンの接触・気中放電の電流波形とが異なることが耐性試験をパスしても実使用環境において誤動作が発生することの一因になっているものと推察できる。

　次項以降では放電電流の測定からわかってきた帯電人体ESDの特性について述べる。

3. 放電特性の測定法

3—1　放電電流測定法と等価回路 [11, 12]

　帯電人体からの放電電流の測定配置図を図5（a）に示す。縦横1mのアルミ板と、これに垂直に配置した縦2m、横1mのアルミ板をグラウンドとし、垂直なアルミ板の中央に50-Ω SMAレセプタクルを取り付け、50-Ω同軸ケーブルを介してディジタルオシロスコープ（入力抵抗：50Ω、帯域幅：6GHz、標本化周波数：20GHz、量子化ビット数：8ビット）に接続した。放電は手で握った金属棒の先端をSMAレセプタクルの中心導体先端へ接近させておこなうが、実験をおこないやすくするため、中心導体の先端部には直径6mmの薄いステンレス製円板（以降はターゲットと呼ぶ）を取り付けている。手にした金属棒は、IEC規定のESDガンに使用される長さ5cmのステンレス製の気中放電用電極を用いた。図中 $Z_B(j\omega)$ はターゲット表面から見た金属棒を含む人体のインピーダンスを示す。なお、ターゲットと金属棒との接触面については、測定毎に特別な表面処理は施さなかった。

　帯電人体からの放電電流はつぎのように測定した。グラウンド上に足型に加工した厚さ1.5cmの発泡スチロールを絶縁体として配置し、その上に金属棒を握った被験者を立たせ、100MΩの抵抗器を介して高電圧電圧源で人体を帯電させる。つぎに、被験者を電源から切り離し、ターゲットから約5.5cmのところから手で握った電極をできるだけ一定の速度で近付け、人体の蓄積電荷を放電させる。電極のターゲットへの接近速度は2種類とし、電極をできるだけ素早く近付けて放電させる場合を高速接近（接近速度：約20cm/s）、ゆっくりと接近させて放電させる場合を低速接近（接近速度：約2cm/s）とした。また、帯電電圧は200Vから1000Vまで200V刻みとし、各帯電電圧に対し高速接近と低速接近をもちいてそれぞれ5回ずつ放電電流測定をおこなった。なお、測定は気温23°C、相対湿度約40%の室内でおこない、放電電流は立ち上がりから50nsまでの波形を50psごとに1000デー

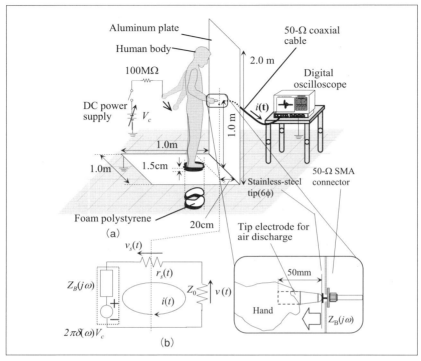

〔図5〕帯電人体からの放電電流の測定配置（a）と放電電流の等価回路（b）

タ取得した。図5（b）は筆者らが提案する帯電人体からの放電電流の等価回路[13]である。ここで、V_c は人体の帯電電圧であり、図中の $2\pi\delta(\omega)V_c$ はそのフーリエ変換を示す。ただし、$\delta(\omega)$ はディラックのデルタ関数を表す。$Z_B(j\omega)$ は人体インピーダンス、Z_0 はターゲットからSMAレセプタクルを介した50Ω同軸ケーブルの特性インピーダンスであり、この場合は $Z_0=50Ω$ である。$v_s(t)$ は、金属棒がターゲットに接触する寸前に放電が生じた際のギャップ間の電位差（以降は放電電圧と呼ぶ）であり、$r_s(t)$ は時変の火花抵抗、$i(t)$ は放電電流である。放電電圧 $v_s(t)$ は、本実験装置では直接測定することはできないが、図5（b）の等価回路から、

$$v_s(t) = r_s(t)i(t)$$
$$= V_c - Z_0 i(t) - \frac{1}{2\pi}\int_{-\infty}^{+\infty} Z_B(j\omega) \cdot I(j\omega) e^{j\omega t} d\omega \quad \cdots\cdots (1)$$

と与えられるので、人体のインピーダンス $Z_B(j\omega)$ と放電電流波形 $i(t)$ とを測定すれば、式(1)から $v_s(t)$ を推定できる。なお、$I(j\omega)$ は放電電流 $i(t)$ のフーリエ変換である。上式から推定した放電電圧波形を放電電流の測定波形で除することで、時変の火花抵抗 $r_s(t)$ が得られる。これを用いて火花長を推定する（後述）。ただし式(1)では、火花通路の電流密度と電界との間には局所的なオームの法則が成立するものとして火花抵抗は $v_s(t) = r_s(t) \times i(t)$ と定義している。なお、人体のインピーダンス $Z_B(j\omega)$ は、金属棒を手で握った図5（a）の配置でネットワークアナライザにより反射係数 S_{11} を300kHz から6GHz までの周波数範囲で測定することによって求めた（メモリ容量の制限から3.75MHz の周波数間隔で計1601個のデータを得た）。被験者は男性（年齢：34歳、身長：168cm、体重：60kg）である。金属棒の先端からみた人体インピーダンスの周波数特性を、図6に300 kHz から6GHz の範囲で示す。黒い実線は実部を、灰色の実線は虚部をそれぞれ示す。

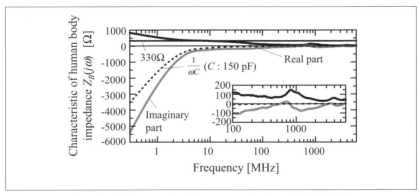

〔図6〕人体インピーダンス $Z_B(j\omega)$ の周波数特性

3—2 数値計算法[13]

式（1）は、放電電流波形と人体のインピーダンスを測定すれば、放電電圧波形が推定できることを示す。ここで、右辺の第3項に注目すると、式（1）は

$$v_s(t) = V_c - Z_0 \cdot i(t) - \frac{1}{2\pi} \int_0^t \int_{-\infty}^{+\infty} j\omega \cdot Z_B(j\omega) \cdot I(j\omega) \cdot e^{j\omega\xi} d\omega d\xi \quad \cdots (2)$$

というように変形できる。実は式（1）右辺の第3項のフーリエ逆変換は、$Z_B(j\omega) \cdot I(j\omega)$ が時間領域において直流成分を含んでいる場合には正しく計算をおこなえない。このため式（2）では $j\omega$ をかけて微分操作をおこなった後にフーリエ逆変換をおこない、その後に積分した。ただし、この場合、積分する際の初期値を知る必要があるが、第3項の初期電圧は明らかに0である。これら二つの式を用いた場合、放電電圧 $v_s(t)$ がどの程度異なるかをつぎのように調べた。まず、人体インピーダンスを人体とグラウンド間の静電容量 C（=104pF）だけとし、放電は理想的なスイッチでオンしたと仮定する。そのとき、放電電流と放電電圧は図5の電流計算モデルから解析的に導出でき、この場合には数値計算結果との対照が可能となる。帯電電圧 V_c は600V で低速接近の場合とし、放電電流の間隔はディジタルオシロスコープ（ここでは帯域幅：12GHz、標本化周波数：40GHz のものを使用）のサンプリング間隔（25ps）と同じ 25ps とした。人体インピーダンスは、$Z_B(j\omega) = 1/j\omega C$ とし、実測の場合と同様 300kHz から 6GHz までのデータを数値計算に用いた。このときの周波数間隔は実測データのそれと同じく 3.75MHz とした。結果を図7に示す。図7(a) は放電電流の計算波形であり、その下図は拡大図である。同図（b）は放電電圧の導出波形、その下図はスイッチオン時の拡大図を 5ps ごとにスプライン補間して示す。灰色の細線および×は式（1）による計算結果、太線および○は式（2）による結果をそれぞれ示す。これらの図から、理想スイッチでオンした場合には帯電電圧は 600V から 0V に

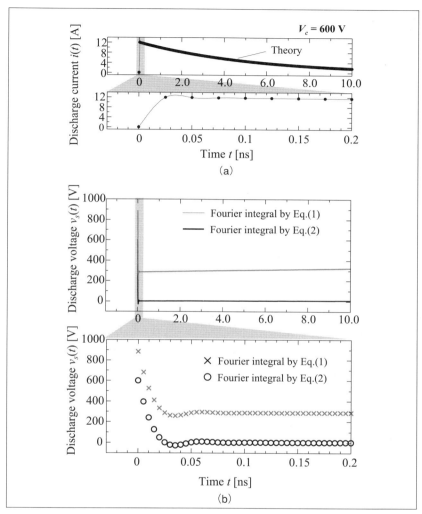

〔図7〕人体を静電容量と仮定した場合の理想スイッチによる放電電流の
計算波形（a）と導出された放電電圧波形（b）

瞬時に低下するはずであるが、波形の立ち下がりが緩やかであること、その立ち下がり時間はいずれも20ps未満であること、などがわかる。この理由は、人体インピーダンスの帯域制限や放電電流のディジタル

データに基づく数値計算上のアーティファクトであるが、立ち下がり時間はいずれも測定に使用するディジタルオシロスコープのサンプリング間隔である25psを下回っているので、数値計算上のアーティファクトは測定限界を考慮すれば無視できるものと考える。また、式（1）による$v_s(t)$の導出波形にはオフセット電圧が現れているが、これは、式（1）の右辺第3項で計算される時間領域上の電圧がCの充電電圧に相当し、定常状態では一定の直流成分をもつことによる。これに対し、式（2）では$j\omega$をかけて微分操作をおこなっているので、その影響はない。

4. 放電電流と放電特性 [12]

図8（a）に放電電流波形の測定結果、同図（b）に式（2）から推定した放電電圧波形、同図（c）には時変の火花抵抗（放電電圧波形を放電電流波形で割ることによって求めた）をそれぞれ示す。これらの図は放電電流の立ち上がり開始時刻を時間の原点として表している。太い実線は金属棒の高速接近、細い実線は低速接近の波形をそれぞれ示す。各波形はV_c=200〜600V、V_c=800〜1000Vで分けて示している。ただし、図（c）では煩雑さを避けるため、V_c=200VおよびV_c=800Vだけの結果を示した。図8（a）の放電電流波形では、V_c=800V以外では金属棒の接近速度による相違はほとんどないことがわかる。V_c=800、1000Vでの電流波形はいずれも一旦なだらかに上昇してから急速に立ち上がっていること、V_c=800Vでは電流波形が金属棒の接近速度に影響され、高速接近のほうが立ち上がりが急峻でピーク値も高いこと、などが観察されている。これらの結果は、V_c=800Vを境に火花放電の前駆現象が異なっていることを思わせるが、現時点では詳細は不明である。図8（b）の放電電圧の推定波形は、電流の立ち上がり開始と共に急速に電圧が降下し、その後は一度盛り上がってから一定の電圧に落ち着いている。なお、V_c=800、1000Vでは電流波形のなだらかな上昇に対応して放電電圧が降下しているこ

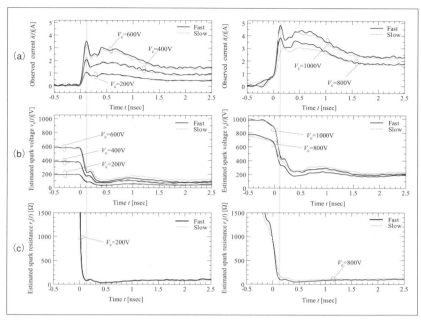

〔図8〕帯電人体からの放電電流波形 $i(t)$ の例（a）と推定された放電電圧波形 $v_s(t)$（b）および時変の火花抵抗 $r_s(t)$（c）

とがわかる。図8（c）の時変の火花抵抗は、V_c=200〜600Vでは帯電電圧や接近速度には影響をほとんど受けていないが、その影響は V_c=800〜1000Vで現れていることがわかる。

つぎに金属棒のターゲットへの接近に伴う火花放電がどの程度のギャップ長 δ（火花長と呼ぶ）で生ずるかを、以下のように推定した。その過程を図9に示す。同図（a）には V_c=200、800Vの高速接近について図8（a）に示した放電電流の測定波形を、同図（b）には図8（c）の火花抵抗の推定波形をそれぞれ太い実線で時間軸を拡大して再掲している（図のみやすさのために、V_c=800Vでは放電電流波形がなだらかに上昇し始める時刻を新たな原点にとって表している）。さて、火花抵抗はRompe-Weizelの火花抵抗則[14]によれば、

●第5章 帯電人体からの静電気放電とその本質

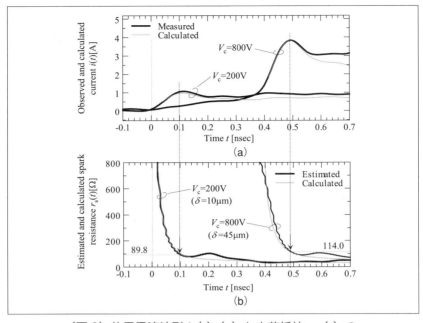

〔図9〕放電電流波形 $i(t)$ (a) と火花抵抗 $r_s(t)$ の
時間変化の推定例 (b) (V_c=200,800V)

$$r_s(t) = \frac{\delta}{\sqrt{\dfrac{2\alpha}{p}\displaystyle\int_{-\infty}^{t} i^2(t)dt}} \quad \cdots\cdots\cdots\cdots\cdots\cdots\cdots\cdots\cdots\cdots\cdots\cdots (3)$$

で与えられる。ここで、p [atm] は気圧、α は火花定数であり、大気圧では $\alpha \fallingdotseq 1.1\text{atm}\cdot\text{cm}^2/\text{V}^2\cdot\text{s}$ である。式(3)から、火花長 δ は放電電流の測定波形と火花抵抗の推定波形から計算できるが、ここでは放電電流の第一ピークを与える時刻の δ を火花長とした。こうして決定した火花長から式(3)で計算した火花抵抗の時間変化を図9の細い実線で示す（火花長 δ は V_c=200V で δ=10μm、V_c=800 では 45μm となった）。図から、火花抵抗の推定波形と式(3)の計算波形とは概ね一致していることがわかる。この場合の電位傾度 (V_c/δ) は火花長 δ に応じて $2.0\times10^7\text{V/m}(\delta=10\mu\text{m})$、$1.8\times10^7\text{V/m}(\delta=45\mu\text{m})$

となるが、文献15）によれば、未処理表面の球対球電極の大気圧における絶縁破壊電界は 1.75×10^7V/m であり、文献16）では大気圧中で表面処理した帯電金属体が移動する場合の絶縁破壊電界は 3×10^7V/m を超えることはないとされていること、また文献17）では川又らは針（曲率 0.5mm）対平板電極（直径 20mm）の放電実験でマイクロメータを使って得た火花長が帯電電圧 600V において約 26μm と報告していることからこの場合の絶縁破壊電界は 2.31×10^7V/m であることより、式（4）から求めた火花長 δ は妥当であると考える。

さて、文献11）では、火花抵抗 $r_s(t)$ を時不変とした場合の放電電流波形は、

$$i(t) = \frac{1}{2\pi}\int_{-\infty}^{+\infty}\frac{1}{r+Z_0+Z_B(j\omega)} \cdot \frac{V_c}{j\omega} \cdot e^{j\omega t}d\omega \quad \cdots\cdots\cdots\cdots\cdots (4)$$

で与えられる。ここで、r は時不変とした放電抵抗であるが、図9の火花抵抗の極小値（以降は火花抵抗値とよぶ）を r として式（4）から計算した放電電流波形を図9（a）に細い実線で重ねて示す。同図から、測定波形と計算波形は概ね一致していることがわかる。文献11）においては、放電電流の測定波形と計算波形の電流ピークが一致するよう時不変の抵抗値を求めたが、元来、時変的な火花抵抗でも図9（a）から放電電流がピークに達する近傍の時刻の火花抵抗値が電流の挙動をほぼ決定していることがわかる。このことは、帯電人体からの放電は、接触点に内部抵抗 r のステップ電圧を印可することで回路的に模擬できることを意味する。

表1は、帯電人体からの気中放電で生ずる放電電流のピーク値と立ち上がり時間、および火花長と電位傾度を纏めて示す。また、同表を下に帯電電圧に対する火花長、電位傾度、電流ピーク、立ち上がり時間を図10（a）～（d）に示す。なお、電位傾度とは、単に帯電電圧を推定された火花長で除した量であり、平等電界の場合には絶縁破壊電界に一致するが、不平等電界の場合は必ずしも一致せず、放電前の電界レベルは同じ火花長でも一般的には平等電界よりも大きくなる。

〔表1〕帯電人体からの金属棒を介した気中放電の諸特性

Charge voltage V_c[V]	Current peak I_p[A]	Rise time t_r[ps]	Spark length δ[μm]	Potential gradient V_c/δ [×10^{7}V/m]
200	1.04 ± 0.06	71.7 ± 6.2	10.2 ± 0.8	1.97 ± 0.17
	1.02 ± 0.03	73.1 ± 8.7	10.2 ± 0.4	1.96 ± 0.08
400	2.06 ± 0.06	70.0 ± 4.4	19.4 ± 0.5	2.06 ± 0.06
	2.24 ± 0.11	71.6 ± 8.0	19.0 ± 0.7	2.11 ± 0.08
600	3.29 ± 0.09	67.0 ± 6.3	28.0 ± 0.0	2.14 ± 0.00
	3.21 ± 0.09	75.6 ± 5.2	29.4 ± 0.9	2.04 ± 0.06
800	3.80 ± 0.11	89.5 ± 15.0	45.8 ± 1.1	1.75 ± 0.04
	2.96 ± 0.18	147.3 ± 35.5	64.4 ± 4.4	1.25 ± 0.08
1000	4.69 ± 0.16	91.4 ± 14.1	59.0 ± 1.4	1.70 ± 0.04
	4.54 ± 0.18	93.9 ± 12.5	58.6 ± 1.3	1.71 ± 0.04

* upper : Fast approach, lower : slow approach

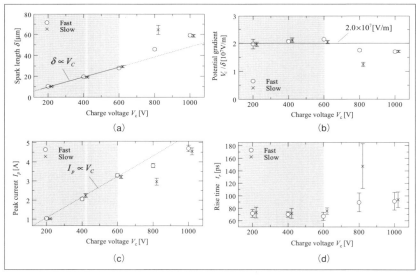

〔図10〕帯電人体からの金属棒を介した気中放電の火花長 δ(a)、電位傾度 V_c/δ(b)、電流ピーク I_p(c)、および立ち上がり時間 t_r(d) の帯電電圧 V_c 依存性

本実験では電極の表面処理を特におこなっておらず、マイクロギャップの放電に対しては不平等電界が形成されるものと推察される。いずれの値も○と×にエラーバーを付けて、平均値±σ で示している。図10 (a) (b) から、V_c=600V の帯電電圧以下では金属棒の接近速度に

はあまり影響を受けずに火花長は帯電電圧に比例し、ほぼ一定の電位傾度（2×10^7V/m）で放電していること、しかし V_c= 800V では低速接近のほうが高速接近よりも火花長は長く、それゆえに電位傾度も 2×10^7V/m よりも低下していること、などがわかる。放電電流については、図10（c）（d）から、V_c=600V の帯電電圧以下では金属棒の接近速度とは無関係に電流ピークは帯電電圧に比例して増大し、立ち上がり時間は帯電電圧にかかわらず 70ps 程度とほぼ一定であることがわかる。V_c= 800V では放電電流波形は金属棒の接近速度の影響を受け、低速接近のほうが高速接近よりも電流ピークは低く、立ち上がり時間も長いことがわかる。などから表1の推定結果は概ね妥当であると考える。

5. おわりに

　IEC の ESD 耐性試験をパスしても、なお誤動作が引き起こされる原因について指摘し、さらに、実際の帯電人体からの放電特性の測定について述べたが、紙面の都合上、発生電磁界については触れなかった。ESD 現象自体は単純明快である半面、機構については不明の部分が多い。放電体の接近速度が放電電流波形に及ぼす影響、放電時の電流分布と発生電磁界との関係、発生電磁界と電子機器との電磁気的結合、などについては未だ解明されておらず、これらの課題を着実に研究・解明しない限り、ESD の電子機器に対する電磁脅威は永久に続き、現場での対応対策は終わることはない。本稿が ESD 試験の現場技術者の参考となれば幸いである。

●参考文献

1) 例えば，高木相：「EMC/EMI 関連測定とその測定技術に関する我が国の研究開発」，信学論，J79-B-II, No.11, pp.718-726, 1996 年 11 月
2) 本田昌實：「金属物体で発生する静電気放電（ESD）の脅威」，信学誌 78, No.9, pp.849-850, 1995 年 9 月
3) 藤原修：「ESD 現象をとらえるソースモデルと界特性」，信学誌 78, No.9, pp.851-852, 1995 年 9 月
4) 日本工業標準調査会：「電磁両立性 - 第 4 部：試験及び測定技術 - 第 2 節：静電気放電イミュニティ試験」，JIS C 1000-4-2：1999 (IEC 61000-4-2：1995/Amd. 1), 1999
5) IEC, "IEC 61000：Electromagnetic Compatibility (EMC) -Part 4：Testing and measurement techniques-Section2：Electrostatic discharge immunity test," Edition 1.2, 2001-04
6) IEC, "IEC 61000：Electromagnetic Compatibility (EMC) -Part 4：Testing and measurement techniques-Section2：Electrostatic discharge immunity test," Edition 2.0, 2008-12
7) 戸谷史彦，高義礼，藤原修，石上忍，山中幸雄：「ESD ガンの接触放電に対する内蔵インダクタの放電電流立ち上がり波形に及ぼす影響」，電子情報通信学会技術研究報告，EMCJ2008-99, vol.108, no.367, pp.75-79, 2008 年 12 月
8) Jayong Koo, Qing Cai, Kai Wang, John Maas, Takehiro Takahashi, Andrew Martwick, and David Pommerenke："Correlation Between EUT Failure Levels and ESD Generator Parameters", IEEE Trans. EMC, Vol.50, No.4, pp.794-801, 2008
9) 足立貴士，山本典央，高義礼，藤原修：「ESD ガンの放電配置に

対する放電電流波形の依存性」, 電子情報通信学会論文誌 B, Vol. J92-B, No.6, pp.959-962, 2009 年 6 月

10) Daout B., Ryser H., Germond A., Zweiacker P. : "The correlation of rising slope and speed of approach in ESD tests", Proceedings of Electromagnetic Compatibility 1987. 7th International Zurich Symposium and Technical Exhibition on Electromagnetic Compatibility, pp.461-466, 1987

11) Yoshinori. Taka, Ikuko. Mori, and Osamu. Fujiwara : "Measurement of discharge current through hand-held metal piece from charged human body", IEEJ Trans. FM, Vol.125, No.7, pp.600-601, July 2005

12) 森育子, 高義礼, 藤原修:「帯電人体からの金属棒を介した気中放電による放電電流の広帯域測定」, 電気学会論文誌 A, IEEJ Trans. FM, Vol.126, No.9, pp.902-908, 2006 年

13) 高義礼, 藤原修:「帯電人体のもつ金属棒の接近で生ずる絶縁破壊電界の推定と検証」, 電気学会論文誌 A, IEEJ Trans. FM, Vol.130, No.5, pp.428-432, 2010 年

14) O. Fujiwara : "An analytical approach to model indirect effect caused by electrostatic discharge", IEICE Trans. COMMUN., Vol.E79-B, No.4, pp.483-489, 1996-4

15) 増井典明, 藤原岳史, 海老沼康光, 新條達俊:「電極表面の粗さが尾錠ギャップ静電気放電に及ぼす影響」, 静電気学会誌, Vol.27, no.2, pp.85-91, 2003 年

16) D. Pommerenke : "ESD : transient fields, arc simulation and rise time limit", Journal of Electrostatics, Vol.36, pp.31-54, 1995

17) 川又憲, 嶺岸茂樹, 芳賀明:「マイクロギャップ放電に伴う過渡電圧変動の周波数スペクトル分布」, 電子情報通信学会技術研究報告 EMCJ2004-109, vol.104, no.499, pp.41-45

第6章　電波暗室とアンテナ
EMI測定における試験場所とアンテナ
　　　　　　＜（一社）KEC関西電子工業振興センター　針谷　栄蔵＞

1. オープン・テスト・サイトと電波暗室 [1)]

1—1 オープン・テスト・サイト

　電子機器から空気中に放射される妨害電波の強さは、図1に示したようにオープン・テスト・サイト（OATS：Open Area Test Site）と呼ぶ放射妨害波測定用に設計された専用の場所で実施する。このオープン・テスト・サイトは、電磁波の大地面における反射を安定化させるために床面を金属製大地面としたグランド・プレーン（Ground Plane）と、電磁波伝播に影響の少ない材料で製作した計測室用シェルターから構成されている。電磁波計測の観点からグランド・プレーンの高さは、図1のように大地面と同一である方が望ましい。一方、低周波域での磁界強度測定においては金属製のグランド・プレーン（特に、鉄などの磁性材料）は、逆に適切ではない。また、アンテナ校正専用として使用するオープン・サイトでは、測定室用シェルター等の設備も電磁波の伝播特性に影響を与えるためグランド・プレーンから十分離れた場所に設置するか、または設置しないのが普通である。

　当然のことながら、試験品から放射されている妨害電波の強さは試験品からの距離によって変化するため、規定の水平距離を隔てた位置において測定しなければならないが、この場合グランド・プレーンも

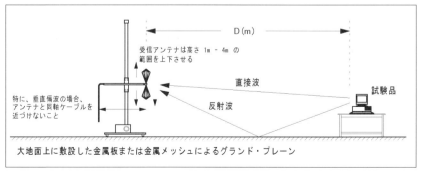

〔図1〕オープン・サイト（野外試験場）の例

●第6章 EMI測定における試験場所とアンテナ

〔図2〕標準オープン・サイトの例（UK NPL）

　各測定距離に応じて十分な広さのものが必要になる。測定距離をD[m]とすると、グランド・プレーンは一般的に$2D \times \sqrt{3}D$程度の大きさのものが必要である。この測定距離として3 m、10 m、30 mの距離が一般的である。通常、3[m]または10[m]の距離で測定することが多いが、低周波（数10[kHz]～100[kHz]）を利用する装置などの場合には30[m]や100[m]の測定距離が規定されていることもある。しかしながら、30[m]の試験距離に対応できるオープン・サイトは数少なく、実状に合った法規定の改定が必要であると思われる。

　アンテナ校正専用として使用するオープン・サイトでは、できる限り広い方が望ましく、各国の標準研究機関（USAのNIST、UKのNPLなど）では60[m]×30[m]の大きさのグランドプレーンを使用している。図2にNPLの標準サイトを示す。

1－1－1　オープン・テスト・サイトの条件

　放射妨害波測定用として使用するオープン・テスト・サイトは一つの測定施設であるため、電磁波特性に関する規定が必要であり、

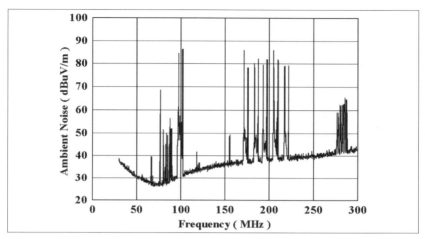

〔図3〕周囲電波雑音環境の調査例

CISPR Pub.16-1-4, §5の中で細かく規定している。それを要約すると、次のようになる。
a) 安定した伝播特性を有すること。
b) 構造物および周囲に存在する物体（建物、電柱、木立など）からの散乱波による影響がないこと。
c) 周囲の電磁波雑音が十分に小さいこと。
d) 規格の定める電波伝播特性（NSA）に対して±4［dB］以内であること。

　これらの条件に対して、a)、b)、d) の条件を満足させることは可能であるが、c) の条件を満足させることは、我が国の野外環境では現実的にかなり困難であろう。したがって、オープン・テスト・サイトを建設する場合には、構造物の検討だけではなく、建設予定地の電波雑音環境を事前に調査しておく必要がある。これは建設後のオープン・テスト・サイトの使いやすさを決定する重要な要因である。図3は、ある測定場所の水平偏波における周囲電波雑音の調査結果例である。また、簡単に工夫できる要素として、オープン・テスト・サイトの建設方向がある。これは、測定に使用するほとんどすべてのアンテナは

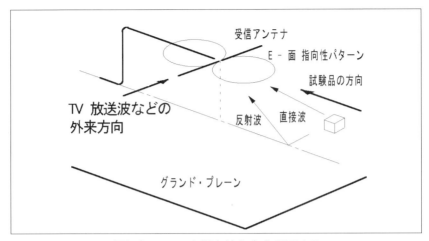

〔図4〕アンテナ指向性を十分利用する

指向特性を有しており、アンテナの最大感度方向（すなわち、試験品とアンテナを結ぶ直線方向）を図4に示したように、到来電波雑音の最も少ない方向に設定することである。

CISPR Pub.16-1-4 では、オープン・テスト・サイトの周囲電波雑音環境を次のようにクラス分けしている。

a）すべての周囲雑音は、測定レベルの6［dB］以下である。
b）いくつかの周波数にて、測定レベルの6［dB］以内の周囲雑音がある。
c）いくつかの周波数にて、測定レベル以上の周囲雑音がある。しかし、それは非周期性（すなわち、送出される時間の間隔が十分長く、測定を実行することができる）、または連続的に送出されているが識別できる周波数に限られている。
d）周囲雑音が測定周波数の大部分に渡って測定レベルよりも大きく、かつ常時送出されている。

そして、完全な結果を得るためには、周囲雑音レベルが測定レベルよりも20［dB］以上低いことが推奨されている。残念なことに、特定の場所を除いては、我が国のほとんどのオープン・テスト・サイト

はクラスd)に分類されるであろう。このような環境で試験することは、相当熟練した技術者でなければ正確な結果または判断することが困難であろう。また、測定信号と外来雑音の識別を行う必要があるため、作業時間も長くなる。

1−2 電波暗室

日本のように外来電磁波が多く存在する地域において、オープン・テスト・サイトで放射妨害波測定を実施することは非常に難しいため、最近では電波暗室（Electromagnetic Semi Anechoic Chamber/Room, SARと略記）を利用する試験施設が増加している。

電波暗室は外部からの電磁波雑音を遮断するために、電磁波シールドされた部屋の壁面に電波吸収体（Electromagnetic Wave Absorber）を取り付けることにより、金属壁面からの反射を抑制し、反射物体のないOATSと同等の電磁波環境を作り出している。現在では、10［m］での測定が可能な電波暗室の建設費は約3億円程度にまで下がって来ている。図5に10［m］法対応の電波暗室内部の写真を示す。

〔図5〕10［m］法対応の電波暗室の例（KEC生駒試験所）

放射妨害波測定用の電波暗室はオープン・テスト・サイトの代替試験場所として使用するため、床面は金属大地面となっており、半電波暗室（SAR：Semi Electromagnetic Anechoic Room）と呼ばれることもある。現在では、かなり特性の良い電波暗室が建設されているが、部屋の物理的寸法で決まる共振周波数の近くでは特性が乱れることもあり、性能を把握した上で利用することが重要である。電波暗室の特性確認は後述するサイト減衰量（Site Attenuation）を測定することにより評価するが、これに加えてハイト・パターン（Height Pattern）の特性を確認することが望ましい。

　一方最近では、マルチメディア機器に対する妨害波測定規格草案としてCISPR 32が検討されており、この規格では、放射妨害波の測定場所として床面にも電波吸収体を敷き詰めた全面電波暗室（FAR：Fully Anechoic Room）等の使用が検討されている。

1−3　放射妨害波測定における試験結果の相関問題

　放射妨害波を測定する試験場所の適合性検証方法はCISPRなどの国際規格の中で規定されているため、試験結果に及ぼす影響は小さいと考えられる。しかし、試験品に電源を供給する電源系統の高周波インピーダンス特性の違いに起因する試験所間の測定結果に差異が発生することがある。図6および図7は、AC電源で動作するEUTと電池駆動のEUTを使用して、別々の試験場所で放射妨害電界強度を測定比較した例である。この結果から、電池駆動のEUTでは、±2［dB］程度で一致しているのに対して、AC電源で動作するEUTの測定結果には7［dB］〜10［dB］に達する差異が見られる。これは、測定する場所によって、合格となったり不合格となったりすることがあり得ることを意味する。

　この問題の原因は、試験場所によって電源系統の高周波インピーダンスが異なることである。試験品からの妨害波は空中に直接放射される成分と、電源線などの接続線路に妨害波電流が流れ込むことによって空中に放射される成分がある。後者の場合には、試験品から供給電

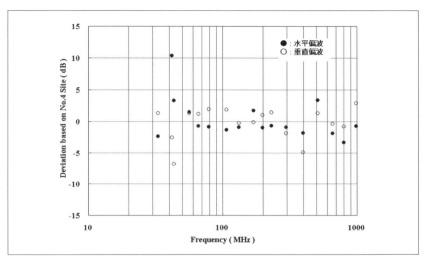

〔図6〕AC 電源駆動 EUT の測定結果における偏差

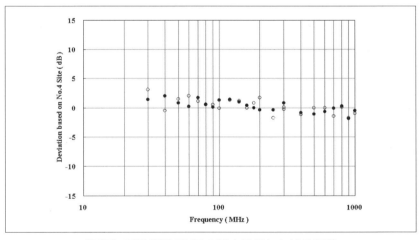

〔図7〕電池駆動 EUT の測定結果における偏差

源側を見たコモンモード・インピーダンスの特性によって大きく左右されることは明らかである。また、大きな差異が発生するのは約100［MHz］以下の低周波帯域である。図8は、我々の試験所のNo.4

OATS(現在は廃棄)におけるEUT供給用電源のコモンモード・インピーダンスを測定した例である。この結果から測定周波数によっては、電源のコモンモード・インピーダンスは数[Ω]～数100[Ω]に変化することがわかる。試験品の電源線に流れ込む妨害波電流はこのコモンモード・インピーダンスの値に大きく依存するため、試験品からの妨害波周波数と関連して試験結果に大きな差異が発生しているのである。

この問題は測定技術の問題ではなく、測定規格の不備の問題である。この差異を抑制する目的のためにCISPR 22 Amendment.1(2000.8)ではフェライト・クランプを電源ケーブルおよび通信ケーブルに挿入するよう規定されていた。しかし、挿入損失が15[dB]以上であることとしか規定されておらず、検証方法については論議されていなかったため、CISPR 22 Ed.5(2005.4)において削除された。しかし、試験場所の相関問題を解決するためには、電源の高周波特性を規定することが重要である。その後、CISPR/A/634/CDにおいて検討され、最新のCISPR 16-1-4(2010/04)では、9項の中で、吸収クランプの特性検証方法、S_{11}およびS_{21}特性が規定されている。なお、CISPR 22などの製品規格では審議中であり、未だ採用されていない。

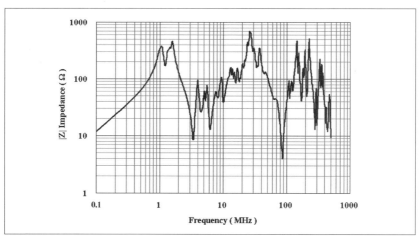

〔図8〕OATSにおける電源線のコモンモードインピーダンス例

2. 放射妨害電界強度測定とアンテナ係数 [1)]

2—1 アンテナ係数

さて、オープン・サイトで実施している放射妨害波の測定は妨害電波の電界強度を直接測定しているのではなく、妨害電波によって測定用の受信アンテナに誘起した高周波電圧をスペクトラム・アナライザまたは電界強度計と呼ばれる選択性高周波電圧計等で測定しているのである。したがって、妨害波の電界強度を求めるためには、電界強度と使用したアンテナの誘起電圧との関係を知っておく必要がある。この電界強度とアンテナの誘起電圧との関係を実効長（Effective Length）と呼び、次式で表す。

電界強度〔V/m〕×実効長〔m〕＝誘起電圧〔V〕 ……… (1)

すなわち、実効長は受信電界強度と誘起電圧の比である。図9に示した単純な線状構造をした半波長ダイポール・アンテナ（エレメントの長さが測定周波数波長の1/2になっている）の場合には実効長は理論計算で求めることができ、受信電界強度を E、誘起電圧 V_e とすると

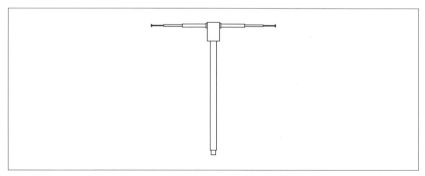

〔図9〕半波長ダイポール・アンテナの例

$$V_e = \frac{\lambda}{\pi} E \quad \cdots\cdots\cdots\cdots (2)$$

の関係がある。ここで上式の単位に注目して考えてみると、λは波長であり、その次元は[m]である。Eは電界強度であり、その次元は[V/m]である。したがって電圧の次元となっていることがわかる。

さて、実際にこのアンテナに誘起した電圧は、同軸ケーブル(Coaxial Cable)等を使用して電界強度計(Field Strength Meter)やスペクトラム・アナライザ(Spectrum Analyzer)に接続し、測定する。この場合の等価回路は図10のようになり、電界強度計で測定される電圧V_Lは次式のようになる。

$$V_L = \frac{Z_L}{Z_a + Z_L} \frac{\lambda}{\pi} E \quad \cdots\cdots\cdots\cdots (3)$$

したがって、求めたい電界強度は

$$E = \frac{Z_a + Z_L}{Z_L} \frac{\pi}{\lambda} V_L \quad \cdots\cdots\cdots\cdots (4)$$

となる。

ここでアンテナの自己インピーダンスZ_aは無限に細い理想的な場合には

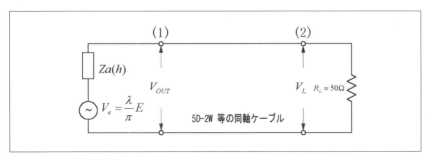

〔図10〕半波長ダイポールを使用した場合の等価回路

$$73.13 + j42.55 \ [\Omega]$$

となるが、実用的なものはエレメントの太さも有限であり、エレメント長さをわずかに短くして虚数部が0となるようにした同調ダイポール・アンテナである。この場合の自己インピーダンス Z_a は約72 [Ω] 程度（エレメント長さ l と太さ d との比率に依存する）の値になる。また、電界強度計の入力インピーダンス Z_L は通常50 [Ω] に設計されている。これらの値を（4）式に代入し、受信電界強度を計算により求めているのである。この（4）式における

$$\frac{Z_a + Z_L}{Z_L} \frac{\pi}{\lambda} \quad \cdots\cdots\cdots\cdots\cdots\cdots\cdots\cdots\cdots\cdots\cdots\cdots\cdots\cdots\cdots\cdots\cdots \quad (5)$$

の部分をアンテナ係数（Antenna Factor）と呼んでいる。すなわち、アンテナ係数とは実際にアンテナに負荷を接続した場合に得られる電圧と受信電界強度の比であると言うことができる。そして、実用的には(5)式をデシベルで表し、接続に使用する同軸ケーブル等の損失[dB]を加えて

電界強度 [dBμV/m]
＝測定電圧 [dBμV] ＋ アンテナ係数 A_f [dB/m]

のように測定電圧 [dBμV] にアンテナ係数 A_f [dB/m] を加算するだけで電界強度 [dBμV/m] を求めることができるように、アンテナ係数 A_f を片対数グラフ形式に表していることが多い。

　図11に同調ダイポール・アンテナのアンテナ係数の例を示す。この例では、1000 [MHz] でアンテナ係数は約33 [dB] となっており、通常電界強度計の感度は最良のものでも－5 [dBμV] 程度であるから、

$$-5 + 33 = 28 \ [\text{dB}\mu\text{V/m}]$$

となり、28 [dBμV/m] 以下の電界強度は測定できないことになる。

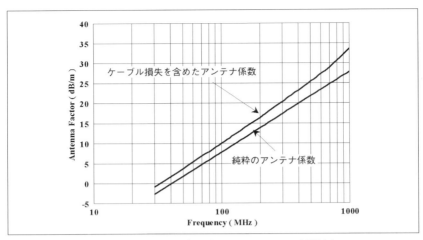

〔図11〕半波長ダイポールのアンテナ係数例

しかも、現実問題として測定器のノイズ・マージンは6 [dB] 程度あることが望ましいゆえ、結果として34 [dBμV/m] 程度となってしまう。したがって、アンテナ係数をできる限り小さくするために、受信アンテナと測定器間を接続する同軸ケーブルはできる限り低損失のものを使用するのが望ましい。

以上述べたダイポール・アンテナは構造が単純であり、理論計算も比較的容易であることから30 [MHz] 〜 1000 [MHz] 帯域での電界強度測定における基準アンテナとして使用されている。

2-2 アンテナ係数の地上高さへの依存性

前項では半波長ダイポール・アンテナが自由空間に置かれているものとしてアンテナ係数を計算した。しかし、実際の放射妨害波測定では、受信アンテナは金属大地面上に設置される。アンテナが金属大地面上に置かれると、金属大地面の影響を受けて、その高さによりアンテナの自己インピーダンス $Z_a(h)$ が変化する。$Z_a(h)$ が変化すれば、受信機のインピーダンス Z_L が一定でも、アンテナ係数は変化してしまう。

図12にMoment法[8]で数値計算した大地面からの高さによるイン

ピーダンス変化を示す。同図から、大地面から十分に高い位置での結果（自由空間値）は約 72 ［Ω］となっているが、1〜2波長程度の高さでは大きな変化があることがわかる。これは、例えば半波長ダイポール・アンテナを使用して 30 ［MHz］の放射妨害波を測定する場合、波長は 10 ［m］であるから、1 ［m］〜4 ［m］の地上高の変化は $0.1\lambda \sim 0.4\lambda$ の変化に対応し、アンテナのインピーダンスは決して 72 ［Ω］と仮定できないことがわかるであろう。このため、USA の標準機関である NIST(National Institute Standards and Technology)では、標準アンテナとしてダイオード負荷のダイポール・アンテナに高抵抗の線路を接続して、アンテナの誘起電圧を直接測定する方法を採用している。図 13 に Moment 法で数値計算した同調ダイポール・アンテナ（100 ［Ω］負荷）のアンテナ係数の高さによる変化を示してある。この結果から 30 ［MHz］付近では 4 ［dB］に達する変化があることがわかる。

このため主要な規格では、低周波域におけるダイポール・アンテナの高さによる依存性を抑制するために、80 ［MHz］以下の周波数では

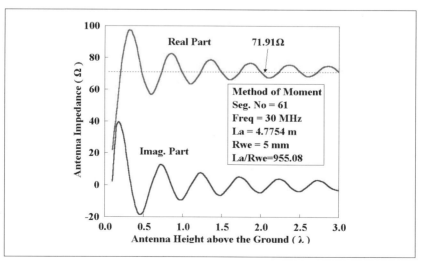

〔図 12〕同調 Dip.Ant の大地高さによるインピーダンス変化

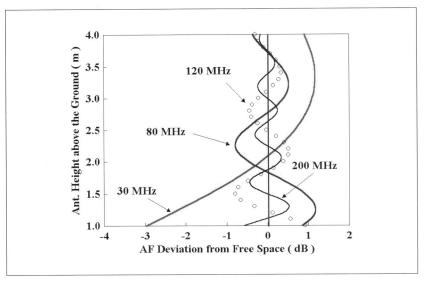

〔図13〕大地高さによるアンテナ係数の変化

80［MHz］の固定長ダイポールを使用することを推奨していた。図14に80［MHz］固定長ダイポールのアンテナ係数例（1 m、2 m、3 m、4 mの個々の高さにおける）を示す。この結果から、通常の半波長ダイポールでは大きな変化の見られた30［MHz］付近のアンテナ係数にほとんど高さによる依存性がないことがわかる。これは図15に示したように、固定長ダイポールの自己インピーダンスが非常に大きくなるため（容量性リアクタンス）、大地の影響を抑制するからである。最新のCISPR規格では、バイコニカル・アンテナおよび対数周期型アンテナ（LPDA：Log-Periodic Dipole Array Antenna）の使用が推奨（Low uncertainty antennaと表現されている）されている。

2−3　アンテナ係数の校正方法

CISPR Pub.16-1-4では、電磁界強度測定の不確かさ（Measurement Uncertainty）は、

「均一な正弦波電磁界に対する測定確度は、システム（アンテナ＋受

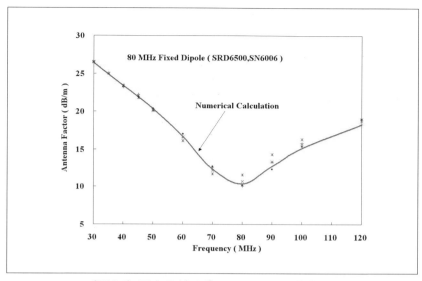

〔図14〕固定長ダイポールのアンテナ係数例

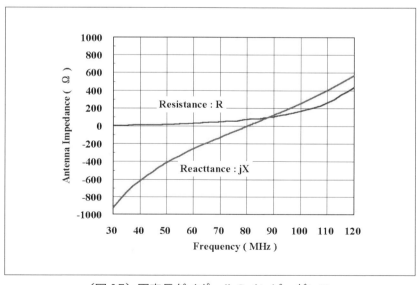

〔図15〕固定長ダイポールのインピーダンス

信機）として±3［dB］以内であること。」
と規定している。しかしながら、国家としての、または国際としての均一な正弦波電磁界の標準は確立されていない。正弦波に対する測定用受信機の不確かさについては高周波電圧および電力の国家または国際標準がほぼ確立されているため問題はないが、アンテナ係数の校正に関しては未だ国際的に統一されているとは言えない。

このため近年になって、アンテナ校正に関する研究および規格制定の必要性が高まり、CISPR規格でも検討が進められている（CISPR/A/858/CD,2009/7/10、将来CISPR 16-1-6として発行される予定)。これらの発表によれば、アンテナ係数の校正の不確かさは±0.5［dB］～1.0［dB］が現在のレベルである。

アンテナ係数の校正方法には大きく分けて以下の3つの方法がある。
(1) 参照アンテナ法（Reference Antenna Method）
(2) 標準電界法（Standard Field Method）
(3) 3アンテナ法（3Antenna Method）

(1) の参照アンテナ法は、安定した電磁界のもとでアンテナ係数が既知であるアンテナ（信頼できる校正機関で校正されている）と被校正アンテナの出力電圧を比較することにより、被校正アンテナのアンテナ係数を求める方法である。すなわち、アンテナを設置する位置の電界強度を E［V/m］、参照アンテナのアンテナ係数と出力電圧を A_{FS} および V_S、被校正アンテナのアンテナ係数と出力電圧を A_{FX} および V_X とすると

$$E\,[\text{V/m}] = A_{FS}\,[1/\text{m}] \times V_S\,[\text{V}] = A_{FX}\,[1=\text{m}] \times V_X\,[\text{V}] \quad \cdots\cdots (6)$$

が成り立つから、A_{FX} は

$$A_{FX}\,[1/\text{m}] = \frac{V_S}{V_X} \times A_{FS} \quad \cdots\cdots\cdots (7)$$

として求められる。この方法は、民間の試験機関でよく利用されてい

る方法である。1000［MHz］以下の参照アンテナとしては半波長ダイポール・アンテナが標準的である。重要なことは参照アンテナと被校正アンテナでの測定条件が全く同一であることである。

(2) の標準電界法は発生電界が理論的に正確に計算できる場合、発生電界中に被校正アンテナを置いて、その出力電圧を測定することにより、$A_{FX}=E/V_X$ として求めることができる。この方法は数［GHz］以上の周波数帯域で、精度の良いホーンアンテナを利用できる場合に用いられ、1000［MHz］以下の周波数帯域ではあまり用いられていない。一方、電磁界センサーのように小さなアンテナの場合には、TEM セルや GTEM セルと呼ばれる装置を使用して校正することもある。

(3) の3アンテナ法は、標準サイト法（SSM：Standard Site Method）とも呼ばれており、理想的な電磁波伝搬空間の中で、3本のアンテナを用意して、その中のすべての2組の組み合わせによる電磁波伝搬損失を測定（合計3回の測定が必要）することにより、アンテナ係数を計算する方法である。今現在は ANSI C63.5（2006）にしたがって、グランド・プレーンのある OATS 上で実施することが多いが、被校正アンテナを1［m］〜4［m］まで高さ掃引するため、得られるアンテナ係数がどの高さのアンテナ係数なのか曖昧になってしまうことである。このため受信アンテナを固定高さのもとで行う改良標準サイト法が杉浦（東北大学名誉教授）らによって提案された。また、校正場所として周囲からの反射のない理想的な場所を必要とすることと、正確な電磁波伝搬損失が計算可能であることが必要である。

アンテナ係数の校正試験で重要なことは
①大地面からの高さによる影響
②送受信アンテナ間の相互結合による影響
を排除した自由空間アンテナ係数 A_{FS} を求めるか、あるいは固定高さ（通常2［m］が多い）のもとで求める必要がある。しかし、一般の試験所では自由空間におけるアンテナ係数を求めることは困難であろう。

2—3—1 平均化アンテナ係数[4]

　CISPR 規格では、自由空間アンテナ係数の使用を規定しているが、実務面では自由空間アンテナ係数を得ることは困難である。ここでは我々の試験所で実施している参照アンテナ法により自由空間値に近い校正結果を得る方法を紹介する。校正方法は CISPR 16-1-5(2003.11)で規定されている標準ダイポール・アンテナ（計算可能な同調ダイポール・アンテナ）を基準として、被校正アンテナのグランド面からの高さを 1 m、2 m、3 m、4 m とし、それぞれの高さのもとで参照アンテナ法により校正し、これらの校正結果の平均値をアンテナ係数とする方法である。理論的に 1 m、2 m、3 m、4 m における校正値の平均値が自由空間値になると保証できないが、数値計算および実験結果は自由空間の値に近い値を示す。図 16 は Schwarbeck 社製のダイポール・アンテナ VHAP をこの方法により校正した結果である。同図において○印が 4 つの高さ（1 m、2 m、3 m、4 m）における校正値の平均値であり、自由空間値にほぼ近い値が得られていることがわ

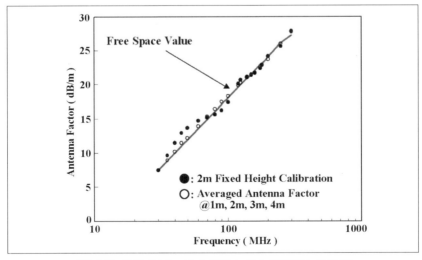

〔図 16〕平均化アンテナ係数と自由空間値との比較

かるであろう。一方、○印で示した2［m］固定高さの校正値は自由空間値に比べて大きく変動しており、50［MHz］付近の偏差がかなり大きいことがわかる。

　図17に測定した平均のアンテナ係数と自由空間値の偏差を示す。この結果から約±0.5［dB］以内で一致していることがわかる。

　この方法でのアンテナ係数校正により、放射妨害波測定でのアンテナ係数の高さ依存性に起因する不確かさは減少する。一方、参照アンテナ法による校正は、校正場所への依存性も小さい利点がある。図18は十分な広さを有したアンテナ校正サイト（CALTS）での校正結果と通常の10［m］OATSおよび電波暗室での結果を比較したものである。この結果から約±0.5［dB］以内で一致していることがわかる。

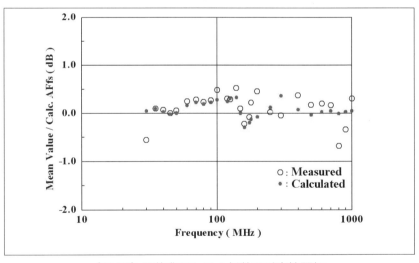

〔図17〕平均化アンテナ係数の妥当性評価

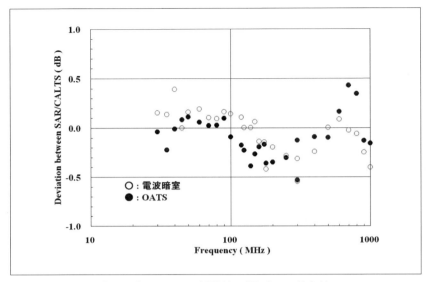

〔図18〕アンテナ係数校正場所への依存性

3. 広帯域アンテナによる電界強度測定 [1, 2)]

3－1　広帯域アンテナの種類

　前節で述べたダイポール・アンテナは電界強度測定における標準的なアンテナとして使用される。しかし、放射妨害波の測定にダイポール・アンテナを使用する場合、測定周波数ごとにエレメント素子の長さを約1/2波長に調整してやる必要がある。これは、現場の実務者にとってはかなりの労力になる。このため、広い周波数帯域にわたって使用することのできる広帯域アンテナ（Broadband Antenna）がEMI測定用アンテナとして普及している。一般的には、VHF帯域に対してバイコニカル・アンテナ（Biconical Antenna）、UHF帯域では対数周期型（LPDA：Log-Periodic Dipole Array）アンテナが広く使用されている。CISPR規格では、"Low uncertainty antenna"として推奨されており、バイコニカルとLPDAの使用周波数帯域の境界を250

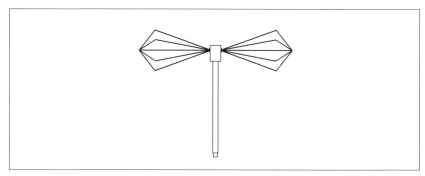

〔図19〕バイコニカル・アンテナの概観構造例

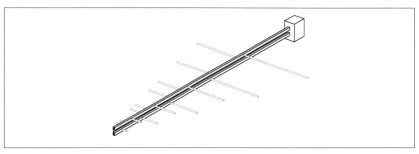

〔図20〕対数周期型アンテナの概観構造例

[MHz] としている（一般的には 300 [MHz] が多い)。これらアンテナの概観構造を図 19 および 20 図に示す。

3―2　広帯域アンテナの使用条件

　広帯域アンテナの使用により、放射妨害波試験の測定時間を大幅に低減することが可能となった。ただし、どのようなアンテナでも良いということではなく、CISPR 規格では、使用の容認条件として
　①直線偏波特性であること。
　②指向性に起因する測定の不確かさは 1 [dB] 以下であること。
　③アンテナを軸方向で 180 [°] 回転させた時の感度差（平衡度）は

1.0 [dB] 以下であること。

④平行電界に対する交叉偏波特性は 20 [dB] 以上であること。
を規定している。

広帯域アンテナの構造は半波長ダイポール・アンテナに比べて複雑であり、理論的な解析も難しい。したがって、受信電界強度とアンテナ出力電圧の関係を結びつけるアンテナ係数の決定にも問題が発生することがある。このような理由から、測定値に疑義が発生した場合には半波長ダイポール・アンテナによる測定を規定することが望ましいと考えられる。

また、LPDA などの鋭い指向特性を有するアンテナをグランド・プレーン上で高さ掃引を行う放射妨害波試験に使用した場合、直接波と反射波のそれぞれに対する感度が異なる可能性があり、使用するアンテナによって測定値が異なる恐れがある（上記項目②の規定）。

CISPR/A/644/CD（2006/01/06）に記載されている代表的なバイコニカル・アンテナと対数周期型アンテナの指向特性データによれば、3 [m] の測定距離で測定した場合、バイコニカル・アンテナで最悪 4～6 [dB]、LPDA でも 4～6 [dB] 程度の指向性に起因する不確かさが発生する可能性がある。

図 21 と図 22 に代表的なバイコニカル・アンテナと対数周期型アンテナのアンテナ係数を高さ 1 m、2 m、3 m、4 m のもとでの校正結果例を示す。同図の結果から高さによって±1 [dB] 程度の変化があることがわかる。対数周期型アンテナの例でも、800 [MHz] 前後に±1 [dB] 程度の変化が見られる。

図 23 と図 24 に代表的なバイコニカル・アンテナと対数周期型アンテナの入力反射係数特性を示す（高さ 1 m、2 m、3 m、4 m のもとでの測定結果）。同図の結果から、バイコニカルアンテナでは 30[MHz] で約 0.94 である。LPDA では反射係数が 0.3 以下であり、周期的な変化を示していることがわかる。

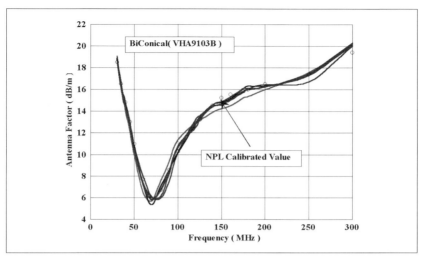

〔図 21〕BiConical アンテナのアンテナ係数例

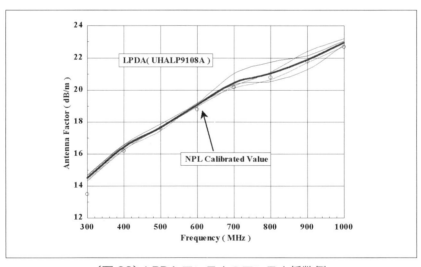

〔図 22〕LPDA アンテナのアンテナ係数例

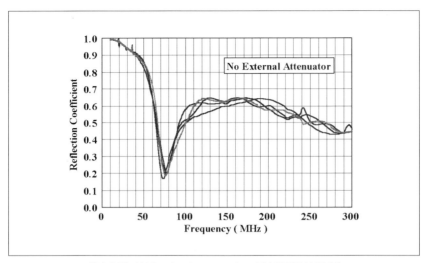

〔図 23〕BiConical アンテナの反射係数特性例

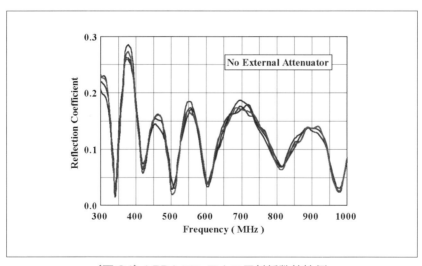

〔図 24〕LPDA アンテナの反射係数特性例

4. サイト減衰量 [1, 2]

4−1　NSA と CSA

　オープン・テスト・サイトの適合性判断基準として、サイト減衰量（SA：Site Attenuation）の測定が義務づけられている。これは一組の送信アンテナおよび受信アンテナを用いて、オープン・テスト・サイト上の規定の距離における電磁波減衰量を測定し、その測定結果と理論値を比較するものである。この理論値には使用したアンテナでの電磁波減衰量そのものを与えている場合（CSA：Classical Site Attenuation）と、使用したアンテナのアンテナ係数を差し引いた値で考える場合（NSA：Normalized Site Attenuation）とがある。

　従来は CSA が主流であったが、現在では NSA が主流となっている。この場合、測定した電磁波減衰量からアンテナ係数を差し引くため、サイト減衰量の不確かさとアンテナ係数の不確かさの両方を考慮しなければならない。サイト減衰量が適正でなくても、間違ったアンテナ係数を使用すれば、結果として適合してしまうケースが考えられる。また逆の場合も予想できる。したがって、NSA を評価する場合は、使用するアンテナのアンテナ係数の信頼性に十分な注意を払わなければならない。図 25 に、CISPR 16-1-4 に述べられている NSA の理論曲線を示す。

　ここで注意することは、サイト減衰量の測定値と理論値の差異を、放射妨害波測定結果への補正値として使用してはならない。もし、このような補正を許可すれば、どのような特性の試験場所（OATS, SAR）でも良いことになってしまうからである。また現実問題として、どのように補正するのかを決定するのは非常に難しいことであろう。

　また、サイト減衰量の測定では、送信アンテナとの相互結合（Mutual Coupling）による相互インピーダンスの影響も受ける。図 26 に起電力法（EMF Method）で計算した同調ダイポール・アンテナ間の相互インピーダンス変化を示す。この図からわかるように、1〜2 波長以

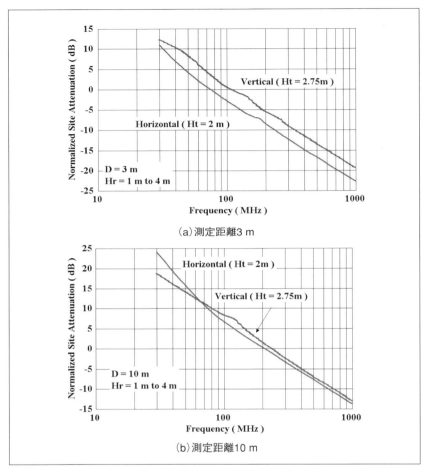

〔図25〕正規化サイト減衰量の理論曲線

下の距離間隔でサイト減衰量の測定（アンテナ校正の場合も同様）を実施した場合、大きな影響を受けることが予測できる。このため、CISPRではNSAに替わる評価方法としてRSM（Reference Site Method）という方法が検討（CISPR/A/721/INF,2007/1/12）されている。このRSMは正しいと考えられる理想的な環境を有する基準オープン・サイトでのサイト減衰量と評価するサイトの減衰量を同じ

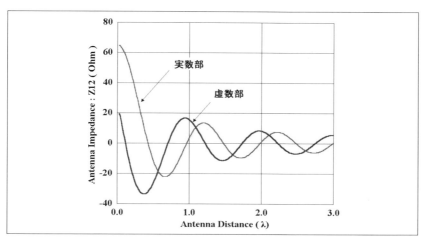

〔図 26〕同調ダイポール間の相互インピーダンス

アンテナを用いて行い、比較する方法である。ただし、この方法でも、受信アンテナを高さ掃引するため、次節で述べる問題点が残る。

4―2 ハイト・パターン

図 27 は別々の 10 [m] 法対応の電波暗室におけるハイト・パターン（Hight patern）の測定結果を比較した例である。実線は Moment 法[8]で数値計算した理論値であり、○印は実測値である。(a) の結果では、高さ 4 [m] 付近で約 1.5 [dB] 程度の理論値との差異が見られるが、全体としてはほぼ理論値と一致した結果となっている。(b) の結果では、理論的な特性と大きく異なっており、かつ 1 [m] での偏差が 3 [dB] 程度異なっていることがわかる。

ところが、(b) に示した結果の電波暗室でも、先に述べた高さ掃引における最大受信電界値を採用している NSA で評価すれば 3 [m] 近くでの値が採用されてしまい、理論値との偏差が 0.5 [dB] 以下となって、評価結果は非常に良好となる。

以上のことは不合理なことであり、現在の高さ掃引を行う NSA の測定方法に問題があることが理解できよう。したがって、規格に定めら

141

●第6章 EMI測定における試験場所とアンテナ

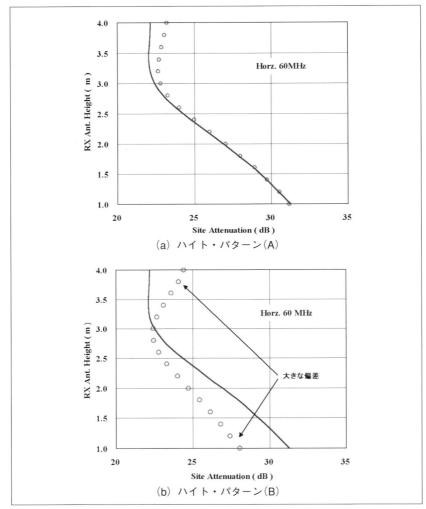

〔図27〕ハイト・パターンの測定結果比較

れた方法（NSA）のみならず、ここで示したハイト・パターンの測定評価を実施することが望ましい。

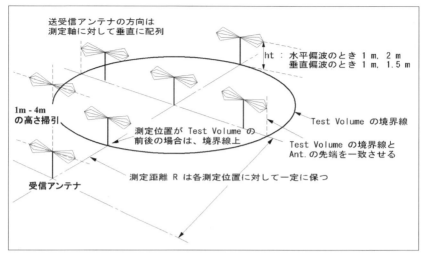

〔図 28〕代替試験場所での NSA 測定位置

4−3　広帯域アンテナによるサイト減衰量の測定

　放射妨害波の測定を電波暗室で実施する場合には、電波暗室特有の共振などにより測定結果に大きな影響が発生するかもしれない。CISPR や ANSI 規格などでは、これらの試験場所を OATS の代替試験場所として位置づけており、電波暗室などでの異常な特性を排除するために、広帯域アンテナを使用した掃引測定によるサイト減衰量の測定を要求している。このサイト減衰量の測定は、図 28 に示したように、試験品を設置する空間を想定し、中心位置と前後左右の 5 か所の水平位置、および 1.5 [m] 〜 2.0 [m] の高さでのサイト減衰量の測定を実施しなければならない。適合判定基準は理論値に対して ± 4.0 [dB] 以内である。

5. アンテナ校正試験用サイト [1, 2]

5—1　CISPR 16-1-5 による CALTS の条件

　現在の NSA 評価における問題点を見直すため、CISPR Publication 16-1-5 の中のアンテナ校正サイトに対する規定において、従来の CSA による方法を規定された。この方法と従来の CSA の異なる点は、従来の方法では受信アンテナ高さを 1 [m] 〜 4 [m] の範囲で掃引し、最大受信電界となる高さで評価していたが、この規格では理論的に計算された高さで評価することを要求している。また、評価測定に使用する送受信アンテナの構造と試験条件が、理論的に詳細に検討され、規定されている。

　CISPR 16-1-5 で規定しているアンテナ校正試験サイト（CALTS：Calibration Test Site）の仕様は下記の通りである。
◇高伝導率（反射係数 = − 1）の平坦（± 10 [mm]）な金属大地面。
◇金属大地面（最小サイズ：20 [m] × 15 [m]）の周囲は電磁的に自由空間であること。
◇垂直偏波の場合には、金属大地面のエッヂ部分の適切な処理が必要。

　注意すべきことは、従来のサイト減衰量の測定においては、受信アンテナ高さを 1 [m] 〜 4 [m] の間で掃引し、最大受信電界 E_{max} となる位置で評価していたが、CISPR 16-1-5（2003）では規格で指定された固定高さにて測定することが規定されている（必ずしも最大受信レベル高さではない）。このことは、従来の評価結果では満足な結果が得られるが、固定高さでは評価結果が異なってくる可能性もあることを意味する。さらに、60 [MHz]、180 [MHz]、400 [MHz]、700 [MHz] におけるハイト・パターンを測定するか、あるいはこれら周波数を中心とした固定高さでの周波数掃引評価が規定されている。また、CISPR/A/860/CD にて、垂直偏波に対するサイト減衰量が提案された。

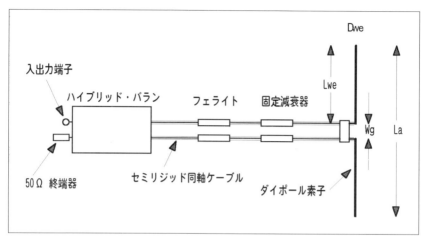

〔図 29〕標準ダイポール・アンテナの構成

5−2 標準ダイポール・アンテナ

CISPR 16-1-5 (2003.11) で基本としているアンテナは、自由空間同調ダイポール・アンテナである。特徴としては、バランにハイブリッド・バランを採用して、特性を規定し、特性測定可能であるような構造のものが要求されている。図 29 に CISPR 16-1-5 による標準ダイポール・アンテナの構成を示す。この構造のダイポール・アンテナは NIST に在籍していた R.G.FitzGerrell が 20 年以上前に開発したものと同じ構造である[9]。なお、USA の国家標準は NIST のダイオード検波方式の半波長ダイポール・アンテナであるが、規格 ANSI 63.5 では基準アンテナとしてロバーツ・アンテナが記載されている。しかし、アンテナ素子は伸縮式であり、現在ではほとんど使用されていない。

5−3 サイト減衰量の測定

CISPR 16-1-5 で規定しているサイト減衰量の評価方法は、受信アンテナ高さを規定した CSA (Clasical Site Attenuation) である。その測定法の概略を以下に示す。

●第6章 EMI測定における試験場所とアンテナ

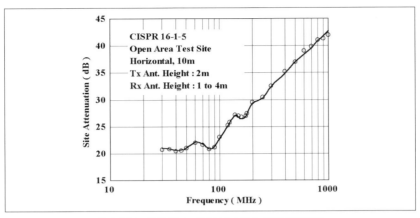

〔図30〕OATSにおけるCSA測定結果例

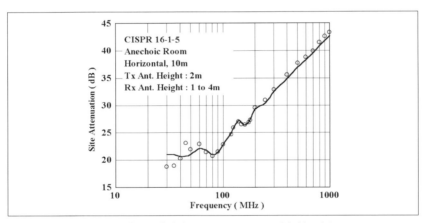

〔図31〕電波暗室におけるCSA測定結果例

① 試験装置の配列を規格に従って配置する。
② 送受信アンテナのBalance Port同士をSMAコネクタで接続し、直接接続における受信電力P_{dir}を測定する。従来の方法では、送受信ケーブルをアンテナから外して接続していた。
③ アンテナ素子を取り付け、送受信アンテナを規定の距離・高さに配置する。

④項目②と同一の送信電力のもとで、受信電力 P_{site} を測定する。

⑤再度、項目②の P_{dir} を測定する。この時、初めの P_{dir} と 0.2 [dB] 以上異なる場合には、測定系を改善しなければならない。

⑥ SA_m [dB] は P_{dir} の平均値 − P_{site} で計算する。

P_{dir} と P_{site} の差は 50 [dB] 程度に達することと、1000 [MHz] 近くの P_{site} は微少レベルとなるため、測定に使用する受信機は、感度と直線性に優れた広いダイナミックレンジを有することが必要である。CISPR の規定では 0.2 [dB] 以内の直線性を要求している。図 30 および図 31 に CISPR 規格の CALTS 規定にしがって測定した CSA の例を示す。

6. 放射妨害波測定における試験テーブルの影響

CISPR 16-1-4, §5.5 "試験テーブルとアンテナ・タワーの評価" において、放射妨害波試験に使用する試験テーブルの試験結果への影響を評価することが規定された。これは小さなバイコニカル・アンテナを図 32 に示したように、試験テーブル上に設置して、試験テーブルがないときの放射周波数特性を基準にして評価するものである。測定

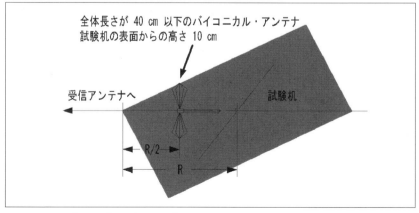

〔図 32〕放射妨害波試験における試験机の影響調査

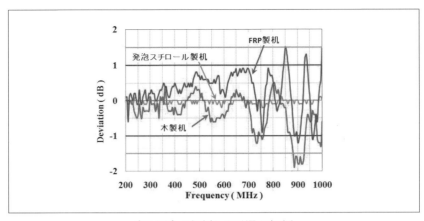

〔図33〕試験机の影響評価例

は少なくとも 200 [MHz] 〜 1 [GHz]、1 [GHz] 〜 6 [GHz]、6 [GHz] 〜 18 [GHz] の周波数範囲で実施 (注：200 [MHz] 以下では試験テーブルの影響は無視できると仮定している) する。受信アンテナは 1 [m] 〜 4 [m] の間で高さ掃引を行う。この測定結果の最大偏差を $\sqrt{3}$ で割った値 (すなわち、矩形分布を仮定している) を試験テーブルの影響の標準不確かさとしている。図33に評価結果の例を示す。この結果では、1.5 [dB] 〜 2.0 [dB] 程度の影響が発生していることがわかる。したがって、測定に支障のない限り、発泡スチロールなどの材料を使用することが望ましい。特に1 [GHz] 以上の測定では必須であろう。

7. 1 GHz 以上の周波数帯域での測定 [1, 2, 5]

1 [GHz] 以上の高周波計測を行う上で、これまでの1 [GHz] 以下の計測に比べて、以下に列記した項目が重要な要素となる。
　①伝送路の損失が増大する。
　②波長に対する機器の大きさが無視できない。
　③位相差による影響。

伝送路の損失、例えば受信アンテナと測定器を接続する同軸ケーブルには VHF/UHF 帯域では 5D-2W や 10D-2W 等のケーブルが使用されているが、多くの場合、その内部絶縁材料としてポリエチレン（$\varepsilon_r \approx 2.3$）が使用されており、1［GHz］以上の周波数ではその損失が増大する。このため測定器系の感度において、十分な S/N 比が得られない場合がある。このため、多くの試験所では高価（単価で 50 倍程度）ではあるが GHz 帯域での特性が優れた専用のケーブルを購入して使用している。また、1［GHz］以下では、精密な測定でない限り問題とならなかったオープン・サイト（OATS：Open Area Test Site）におけるシェルター等の構造物の影響も大きくなり、その影響の度合いは 10［dB］以上に達することもある。

　波長に対して機器の大きさが同程度以上になると、単純であった機器からの放射パターンが複雑になり、急峻な指向特性を有するようになる。したがって、OATS での放射妨害波を測定する場合には、試験配置の位置精度のみならず、精密な回転角度の制御が必要となってくる。また、各計測機器の入出力コネクタの取り扱いも十分な注意が必要であり、現場作業者の教育も重要となる。例えば、GHz 帯域では 3.5 mm や 2.7 mm 系などの繊細なコネクタを取り扱うが、コネクタ接続面におけるわずか 0.005 inch のギャップが 40［dB］に達する反射特性の劣化を発生させることが報告[10]されており、頻繁に取り外しを行う測定システムの場合には注意を要する。また、これらは N-型や APC7 などのコネクタに比べて機械的強度が弱いため取り扱いに注意が必要である。

　図 34 および図 35 は 1［GHz］以下の周波数で問題なく使用していたコネクタ付同軸ケーブルの GHz 帯域における特性評価結果である。4［GHz］付近で異常な特性が観測できる。このような現象の原因は、同軸コネクタの中心導体における注意深く検査しないと見過ごす程度のわずかな歪みであった。

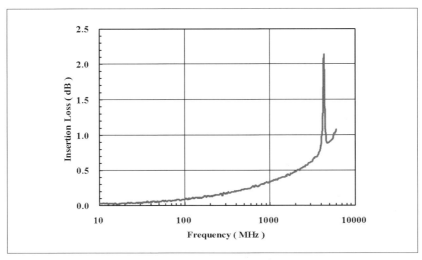

〔図 34〕GHz 帯域における同軸ケーブルの不具合−損失

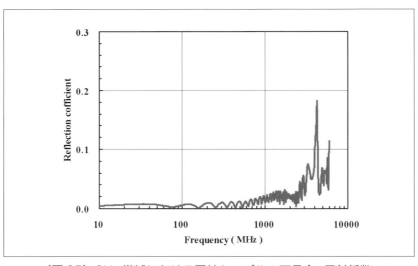

〔図 35〕GHz 帯域における同軸ケーブルの不具合−反射係数

7−1　1 GHz 以上の周波数帯域での試験場所

1［GHz］以上の周波数帯域での放射妨害波測定に使用する試験場所の適合性は CISPR 16-1-4, §8 に基づく SVSWR（Site Voltage Standing-wave Ratio）を測定することにより評価する。1［GHz］以下の測定では床面が金属大地面である OATS または半電波暗室を使用するが、1［GHz］以上の測定では反射物体のない自由空間を想定している。このため、半電波暗室の場合には、床面に電波吸収体を敷設し、測定場所の適合性確認には壁などからの不要な反射波がないことを検証するために、空間の定在波比を測定する。

CISPR 16-1-4 では、試験場所の空間定在波比を測定するために、指向性がダイポールアンテナと類似した放射アンテナを使用して、図 36 に示したように基準位置から規定の間隔 2、10、18、30、40［cm］で電界強度を測定し、その最大値と最小値の比でもって評価する。したがって、本来の全面電波暗室における空間定在波とは異なる。また、試験品が占有する空間での自由空間条件を検証するために、NSA 測定と同様にテストボリュームという概念を導入し、その空間で SVSWR の測定結果が 6［dB］以下であることを要求している。測定する周波

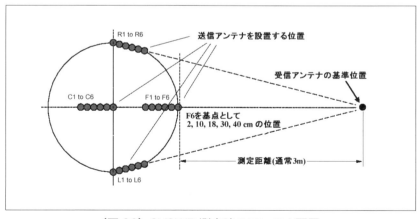

〔図 36〕SVSWR 測定時のアンテナ配置

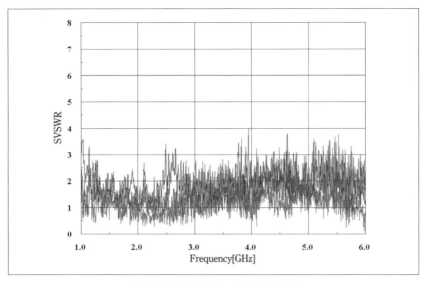

〔図37〕SVSWRの測定結果例

数は50［MHz］以下の周波数ステップで実施することを要求しているが、より小さい周波数ステップで評価すると厳しくなる傾向にある。図37に直径1.5［m］のテストボリュームでのSVSWR測定結果例を示す。

8. 磁界強度測定とループ・アンテナ [1,2]

8—1　ループ・アンテナ

30［MHz］以下の妨害波測定では、図38に示したような構造のループ・アンテナ（Loop Antenna）が使用される。標準アンテナとして使用する場合は、ループの周囲長さは測定周波数の波長の1/10以下（すなわち、線路に沿って流れる電流の大きさは一定と仮定できる程度）となるように選ばれる。例えば30［MHz］の場合、波長は10［m］であるからループ周囲長は1［m］となり、結果としてループ半径は

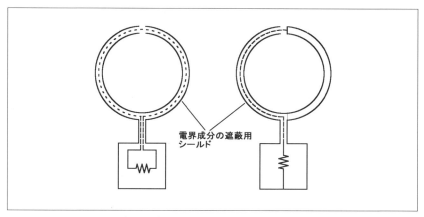

〔図 38〕ループアンテナの構造例

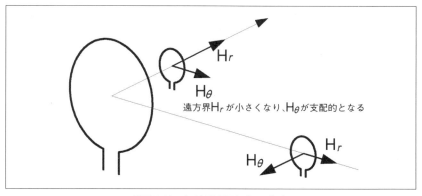

〔図 39〕主勢磁界強度の方向

約 16 [cm] 以下にする必要がある。しかし、実用的に使用されるループ・アンテナは半径 30 [cm] 程度のものが多い。CISPR 16-1-4 の規定では、一辺が 60 [cm] の正方形の範囲内に収まるものであることを規定している。

　ループ・アンテナの使用上の注意事項としては、アンテナの指向特性である。ループ・アンテナは到来電波の磁界成分とループ面が鎖交する方向に設定する必要があり、図 39 に示したように、これは近傍界

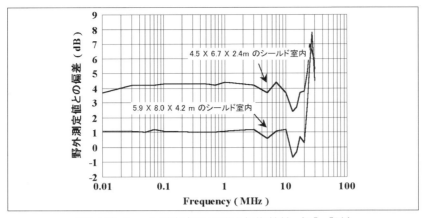

〔図40〕シールド室内での磁界伝搬特性（3[m]法）

と遠方界条件では異なる。初心者の方はその形状から判断してループ面を試験品の方向にだけ向けて測定することがあるが、これは近傍界でのみ正しい方向であって、周波数が高くなり遠方界領域になるとループ面を試験品方向と垂直にする必要がある。

また、規格によっては、30［MHz］以下の周波数において、ループ・アンテナを使用して磁界強度を測定しているにもかかわらず、遠方界条件での等価電界強度として計算してしまうことがあるが、実際には3［m］および10［m］程度の測定距離では、遠方界条件は満たされないことに注意する必要がある。

8−2 磁界強度測定の測定場所

野外での30［MHz］以下の磁界強度測定は、外来雑音が測定周波数域の広範囲にわたって分布している場合が多く、正確な測定を実施することが困難である。そこで止むを得ず、この磁界強度測定を電磁波シールド室や電波暗室にて実施することが多い。この場合、シールド室の大きさやシールド壁の磁気的性質の違いにより、野外（グランド・プレーンのない）での測定結果と大きく異なることもある。図40は、二つの大きさの異なるシールド室内で、3［m］法による磁界伝搬特性

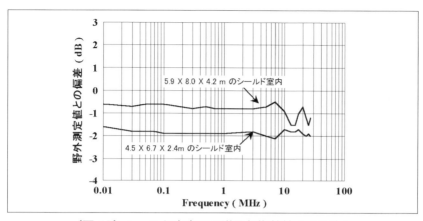

〔図41〕シールド室内での磁界伝搬特性(LAS法)

を野外での測定結果を基準として偏差で表した測定結果である。この結果から、室内寸法の小さいシールド室では、野外測定値に対して約4 [dB] の偏差が発生しており、特に10 [MHz] 以上の周波数では8 [dB] 近い偏差が発生することが確認できる。したがって、現在のCISPR規格には30 [MHz] 以下の試験場所に関する適合性評価方法が規定されていないが、ループ・アンテナを用いて理論値または野外測定値との比較検証を実施しておくことが望ましい。図41はCISPR 16-1-4によるラージ・ループ・アンテナ法によるシールド室内での同様の結果である。通常の3 [m] 法による測定値と比較して野外との偏差が約2 [dB] と小さくなっていることがわかる。

図42に野外での磁界の距離減衰特性、図43および図44にシールド室内での10 [MHz]、30 [MHz] における磁界距離減衰特性を示す。野外では H_r 成分が H_θ 成分よりも全般的に5〜6 [dB] 大きくなっているのに対して、シールド室内では H_r 成分の距離に対する減衰量が野外の場合よりも大きく、反対に H_θ 成分の距離に対する減衰量は野外の場合よりも少ないことがわかる。これらの傾向は各シールド室の大きさに強く依存する。このような理由から、シールド室内で3 [m] 法により磁界測定を実施することは極力避けるべきである。もし、シー

●第6章 EMI測定における試験場所とアンテナ

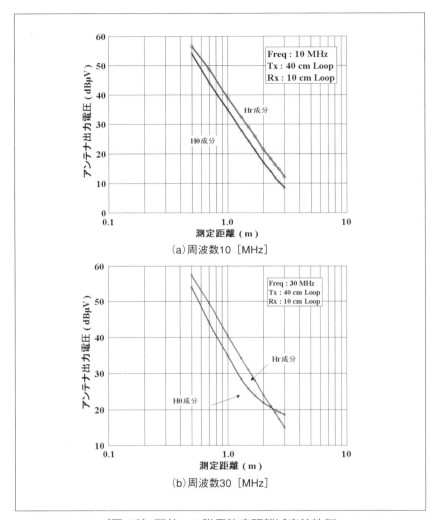

〔図42〕野外での磁界強度距離減衰特性例

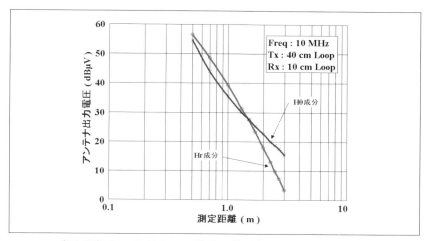

〔図43〕シールド室での磁界距離減衰特性(10 [MHz])

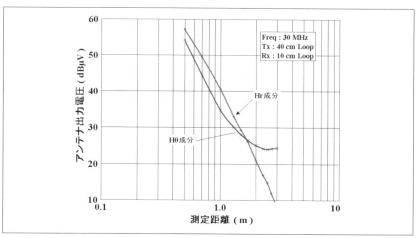

〔図44〕シールド室での磁界距離減衰特性(30 [MHz])

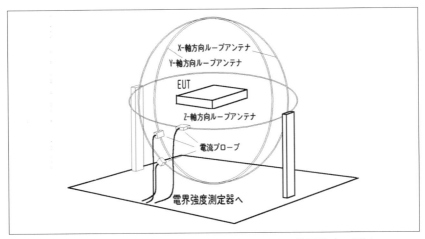

〔図45〕ラージ・ループ・アンテナ法による磁界強度の測定

ルド室内で磁界測定をする必要があるならば、図45で示したCISPR 16-1-4によるLarge-loopアンテナ法（直径2[m]のループ・アンテナ3本で構成されている）により実施することを推奨する。この方法による測定結果は、野外との偏差が約2[dB]程度以内で一致する。

9. ARP 958による1m距離でのアンテナ係数 [3, 7]

車載用電子機器に対するCISPR 25やアメリカの軍規格であるMIL Standard 461/462による放射妨害波測定では規格SAE ARP 958[3]による1[m]距離での特別なアンテナ係数が要求されている。これは遠方界におけるFriisの伝播公式（Friis Transmission Equation）をもとにしており、二つの等しいアンテナ間の自由空間損失を測定することにより被校正アンテナの利得を求め、その利得からアンテナ係数を計算する方法である。この方法は当初200[MHz]以上で使用されるログ・スパイラル・アンテナを校正するための規格であったが、その後の改訂により20[MHz]〜200[MHz]の帯域に使用するバイコニカル・アンテナにも適用するように拡張された。しかし、近傍

界でのアンテナ係数を取り扱うのに遠方界での理論式を適用しており、明らかに理論的に誤りがある。また後述するように、これらアンテナは2[m]×1[m]以上の大きさのグランド・プレーンの近傍（1[m]）で使用されるため、アンテナ特性への影響は無視できない。

Friisの伝播公式により、利得がG_rのアンテナ受信電力P_rは次式で与えられる。

$$P_r = P_t G_t G_r \left(\frac{\lambda}{4\pi R}\right)^2 \quad \cdots\cdots\cdots\cdots\cdots\cdots (8)$$

P_t、G_tはそれぞれ送信アンテナの送信電力、アンテナ利得であり、Rは送受信アンテナ間の距離である。ここで、送受信アンテナに全く同じものを使用すれば$G_t=G_r=G$と書けるから、上式は

$$G = \left(\frac{4\pi R}{\lambda}\right)\sqrt{\frac{P_r}{P_t}} \quad \cdots\cdots\cdots\cdots\cdots\cdots (9)$$

となり、送信電力と受信電力の測定値比からアンテナ利得を求めることができる。また、アンテナ利得Gとアンテナ係数AFの関係は

$$AF = \sqrt{\frac{4\pi\eta}{G\lambda^2 Z_l}} \quad \cdots\cdots\cdots\cdots\cdots\cdots (10)$$

であり、$\eta=120\pi$（遠方界条件）、$Z_l=50$（アンテナ負荷インピーダンス）とおいて整理すると次式を得る。

$$AF = \frac{9.73}{\lambda\sqrt{G}} \quad \cdots\cdots\cdots\cdots\cdots\cdots (11)$$

式(9)と式(11)を用いて、送受信電力の測定値からアンテナ係数が計算できる。これがARP 958による1[m]距離でのアンテナ校正の理論的背景である。しかし、上述したように遠方界での条件式を使って計算しているため、理論的に問題があることに注意しなければならない。図46はNPL（UK）で校正したARP 958による1[m]

●第6章 EMI測定における試験場所とアンテナ

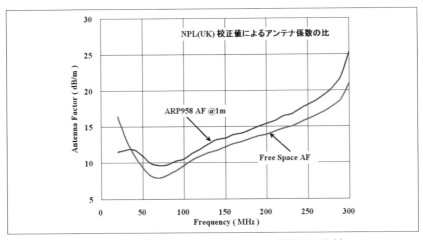

〔図46〕ARP 958によるアンテナ係数との比較

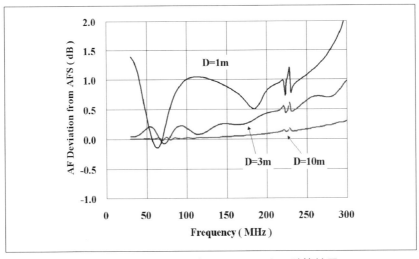

〔図47〕モーメント法NEC2Dによる計算結果

距離のアンテナ係数と自由空間値である。図47はモーメント法（NEC2D）により計算した自由空間値との偏差を示している。これらの二つの結果を比較すると下限周波数近くでの特性が大きく異なって

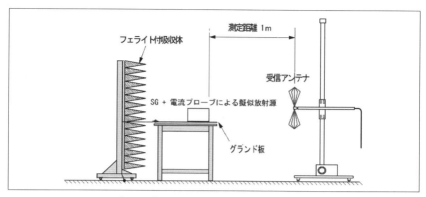

〔図48〕CISPR 25 による試験配置

いることがわかる。これは ARP 958 では遠方界での理論式を適用しており、モーメント法では近傍界の影響を入れて計算しているためである。また、ARP 958 によるアンテナ係数と自由空間値とを比較すると5 [dB] 以上に達する差異があるのに対して、モーメント法による計算では1 [m] 距離でのアンテナ係数は自由空間値に対して2 [dB] 以内である。このことは、1 [m] 距離での放射妨害波測定に対しても、自由空間値のアンテナ係数を使用するほうが望ましいことを示している。

9―1　CISPR 25 による1 m 距離での電界強度測定[7]

CISPR 25 では図48に示したように、90 [cm] の高さに2 [m] × 1 [m] 以上の広さの金属製グランド・プレーンを置き、試験品をグランド・プレーン上高さ5 [cm] の位置に配置する。そして、受信アンテナを水平距離1 [m] の位置に設置して放射妨害波試験を実施する。この場合、受信アンテナの特性は近くに配置された金属製グランド・プレーンの影響を受けることが予想される。

図49および図50はバイコニカル・アンテナの特性への影響を調査するために、グランド・プレーンがある場合とない場合の、アンテナ入力端子からみた反射係数を測定した結果である。これらの結果から

●第6章 EMI測定における試験場所とアンテナ

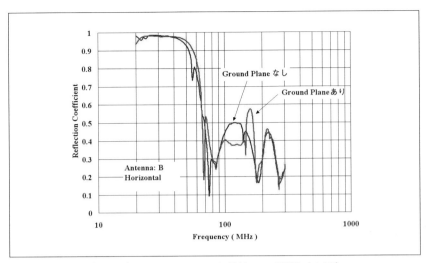

〔図49〕GPLのアンテナ特性への影響(水平)

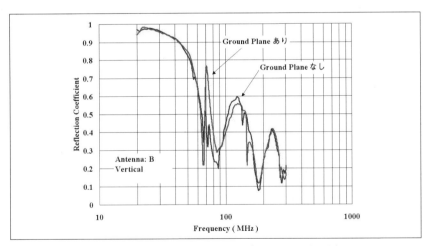

〔図50〕GPLのアンテナ特性への影響(垂直)

162

もわかるように、70［MHz］近くと100［MHz］〜200［MHz］付近で大きな変化が発生している。このことは、近くに配置されたグランド・プレーンの存在が電界強度測定結果に影響を及ぼすことを示している。

●参考文献

1) 針谷栄蔵：「EMC測定と測定システム」，社団法人 関西電子工業振興センター NARTE/Japan EMC委員会，平成20年9月21日
2) CISPR Publ.16-1, 16-2 シリーズ
3) SAE ARP958, Electromagnetic Interference Measurement Antennas ; Standard Calibration Method, 1999
4) 針谷栄蔵：「EMCアンテナの校正とサイト減衰量評価」，2001電気学会関西支部大会，平成13年11月7日
5) 針谷栄蔵：「GHz帯域におけるEMC測定の問題点」，EMC関西99, 社団法人 関西電子工業振興センター
6) 針谷栄蔵：「EMC測定における計測技術と注意点」，第9回EMCフォーラム，EMCフォーラム事務局，平成15年7月4日
7) 針谷栄蔵：「車載用電子機器のEMC試験」，2004EMCノイズ対策技術シンポジューム，社団法人 日本能率協会，平成16年4月21日
8) G.J. Burke and A.J. Poggio, Numerical Electro-magneticCode (NEC) - Method of Moments PartIII User's Guide, Lawrence Livermore Laboratory, January 1981
9) NBS Technical Note 1098, Linear Gain-Standard Antennas Below 1000 MHz
10) Doug Rytting, Advances In Microwave Error Correction Techniques, RF & Microwave Measurement Symposium and Exhibition, 1987 Hewlett Packard

第7章 シールド
電磁波から守るシールドの基礎

<青山学院大学　橋本　修>

1. はじめに

本章では、電磁妨害波のシールドの基礎理論について述べるが、その手順として、まず近傍界における波動インピーダンスについて説明した後、この概念から平面波、電界および磁界シールドについて、それぞれのシールド理論を順を追って説明する。

この場合特に、シールド理論において先駆的に検討を行ったシェルクノフの理論を中心に説明するとともに、平面波シールドの理論においては、斜入射の場合や多層、異方性材質の場合について説明する。また、具体的な各式の導出については、付録や参考文献を多用して示すことにする。

2. シールドの基礎

2—1 シールド効果

シールド効果（SE：Shielding Effectiveness）とは、図1に示すように、領域1からシールド材に入射した電波が、領域2に透過した場合、その透過電波量の目安を示すものであり、一般に入射電波の電界、磁界、電力を E_i, H_i, P_i およびその透過電波の電界、磁界、電力を E_t, H_t, P_t とすると次式のように定義される。なお、ここでは SE をプラスとして表現するため、式ではマイナスの記号をつけている。

$$\begin{aligned}
\text{SE} &= -20\log|E_t|/|E_i| = -20\log|H_t|/|H_i| \\
&= -10\log|P_t|/|P_i|
\end{aligned} \quad \cdots\cdots\cdots\cdots (1)$$

このようにして、シールド効果を検討する場合、シールド効果そのものが次のような要因に依存しているため、その効果を正確に評価することに多くの困難さを含んでいる。

(1) 電波源とシールド材および観測点の距離関係

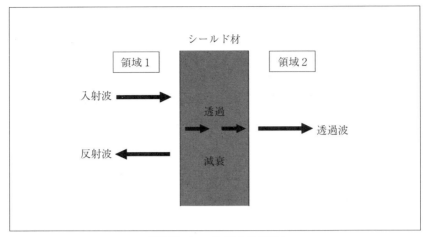

〔図1〕シールドの原理図

(2) 評価する周波数
(3) 場の種類(近傍界／遠方界、電界／磁界等)

また、シールド効果がどの程度あればよいかに対する基準も、一般に不明確であるが、一例として次のような目安があるので示しておく[1]。

10 dB：ほとんど効果なし
10〜30 dB：最小限度のシールド効果あり
30〜60 dB：平均
60〜90 dB：平均以上
90 dB以上：最高技術によるシールド

2−2 波動インピーダンス

自由空間における波動インピーダンスは、376.7Ωとして知られているが、電気ダイポールや磁気ダイポールの近傍界における波動インピーダンスはそのダイポールからの距離により大きく変化し、自由空間と大きく異なる。このため、シールド効果を検討する場合にも、電波源の種類や波源とシールド材の距離を明確に知っておく必要がある。ここでは、上記した電気ダイポールと磁気ダイポールの特に近傍界に

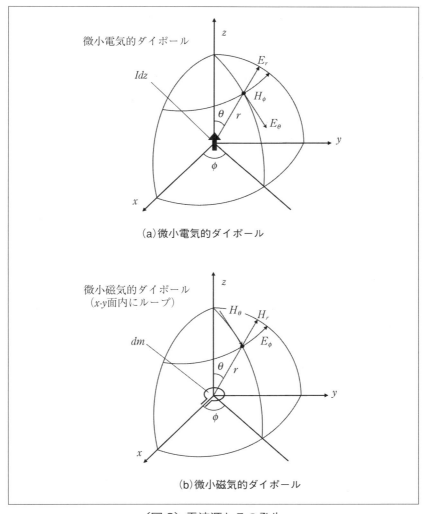

〔図2〕電波源とその発生

おける波動インピーダンスの変化について示す。

すなわち、図2の (a) および (b) のような電気ダイポールと磁気ダイポールから放射される電磁界は、極座標表示におけるベクトルポテンシャルから導かれ、波動インピーダンスの絶対値 $|Z_w|$ は、その電

169

界と磁界の比から次式のように求めることができる。この導出の詳細については、例えば文献[2]を参考にできる。

◇電界ダイポールの場合

$$|Z_d| = \frac{|Z_0|}{1+(\beta r)^2}\sqrt{\frac{(\beta r)^6+1}{(\beta r)^2}} \quad [\Omega] \quad \cdots\cdots\cdots (2)$$

◇磁気ダイポールの場合

$$|Z_l| = |Z_0|\left\{1+(\beta r)^2\right\}\sqrt{\frac{(\beta r)^2}{(\beta r)^6+1}} \quad [\Omega] \quad \cdots\cdots\cdots (3)$$

ここで、βは波数($2\pi/\lambda$)、Z_0は自由空間インピーダンス(376.7Ω)、rは各ダイポールからの距離である。

そこで、この両辺をβrの変化に対して観察すると、図3に示すようになり、その波動インピーダンスは特に$\beta r < 1$において、大きく変化することがわかる。ここでこの変化を観察すると、βrは小さい値から1に近づくにつれて収束しはじめ、$\beta r \fallingdotseq 0.7$で両曲線は交わり、また、$\beta r \fallingdotseq 1.1$で極大値553Ω、極小値257Ωの値をとる。そして、βrが大きくなるとともに両曲線は約376.7Ωに漸近する。

このように、波源の種類および波源からの距離に対してその波動インピーダンスは自由空間のそれと全く異なることから、今後、シールドについては、波源の種類および波源からの距離に対して次のように分類して定義する。

◇平面波シールド：波動インピーダンスが376.7Ωとなる遠方電磁界のシールド
◇電界シールド：電気ダイポールのつくる近電界のシールド
◇磁界シールド：磁気ダイポールのつくる近磁界のシールド

以下、これらの各種シールド効果について、理論的に検討を行う。

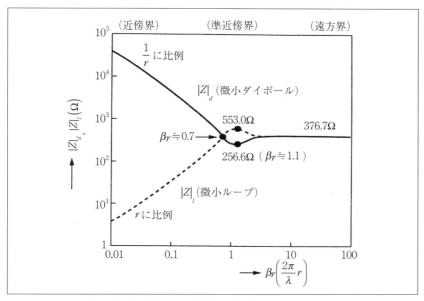

〔図3〕電波源からの距離と波動インピーダンス

3. 平面波シールド

3—1 シェルクノフの式

平面波を取り扱う場合には、分布定数回路に置き換えて取り扱うと便利である[3]。ここではシールド材を四端子行列で表すことにより、シェルクノフの式としてよく知られているシールド効果の計算式を導出する。まずシールドモデルとして、図4の(a)に示すように自由空間に置かれた厚さ d の無限に広いシールド板に平面波が入射した場合を考える。この場合、シールド材を図4の(b)に示すように四端子行列で表すと、

$$\begin{bmatrix} E_{x1} \\ H_{y1} \end{bmatrix} = \begin{bmatrix} A_s & B_s \\ C_s & D_s \end{bmatrix} \begin{bmatrix} E_{x2} \\ H_{y2} \end{bmatrix}$$

●第7章 電磁波から守るシールドの基礎

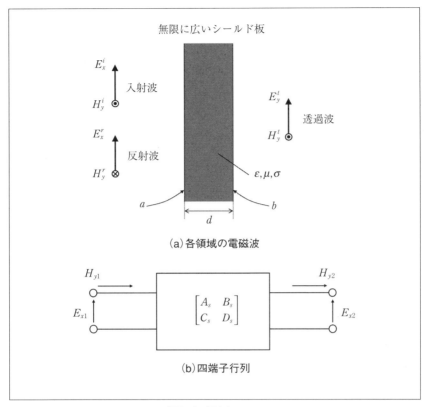

〔図4〕解析モデル

となる。ここで四端子行列の各要素及び電磁界の関係は次のようになる。

$$\begin{bmatrix} A_s & B_s \\ C_s & D_s \end{bmatrix} = \begin{bmatrix} \cosh(\gamma d) & Z_s \sinh(\gamma d) \\ \sinh(\gamma d)/Z_s & \cosh(\gamma d) \end{bmatrix}$$

ここで、

$$\gamma = \sqrt{j\omega\mu(\sigma + j\omega\varepsilon)}$$
$$Z_s = \sqrt{j\omega\mu/(\sigma + j\omega\varepsilon)}$$

なお、電磁界の関係は入射と反射の電磁界を用いて次のように表現できる。

$$E_{x1} = E_x^i + E_x^r, \qquad H_{y1} = H_y^i + H_y^r$$
$$E_{x2} = E_x^t, \qquad H_{y2} = H_y^t$$

この四端子行列を用いて、シールド板の置かれた領域が自由空間であることを考慮して四端子行列の各要素は次のように計算できる。

$$\begin{bmatrix} A & B \\ C & D \end{bmatrix} = \begin{bmatrix} A_s & B_s \\ C_s & D_s \end{bmatrix} \begin{bmatrix} 1 & 0 \\ 1/Z_0 & 1 \end{bmatrix} \quad \cdots\cdots\cdots\cdots\cdots\cdots\cdots\cdots (4)$$

この結果、ここで示した四端子行列の要素 A および C を用いて、シールド効果（SE）は自由空間の波動インピーダンス Z_0 を用いて次式で表すことができる。この導出については、付録1に示しておく。

$$\mathrm{SE} = 20\log\frac{|E_x^i|}{|E_x^t|} = 20\log|(A + Z_0 C)/2| \quad \cdots\cdots\cdots\cdots\cdots (5)$$

ここで、

$$A = \cosh(\gamma d) + Z_s \sinh(\gamma d) / Z_0$$
$$C = \sinh(\gamma d) / Z_s + \cosh(\gamma d) / Z_0$$

である。さらに、この要素 A および C を式（5）に代入し、整理すると次のようなシールド効果を表す式が具体的に得られる[4]。この導出については、付録2に示しておくとともに、別の考え方で導出する方法も付録3に示すことにする。

$$SE = R + A + B \text{ [dB]} \quad \cdots\cdots\cdots\cdots\cdots\cdots\cdots\cdots (6)$$
$$R = -20\log|p|$$
$$A = -20\log|e^{-\theta}|$$
$$B = -20\log|1 - q \cdot e^{-2\theta}|^{-1}$$

ここで、

$$k = Z_0 / Z_s$$
$$q = \{(k-1)/(k+1)\}^2$$
$$p = 4k/(k+1)^2$$
$$\theta = \gamma d$$

である。この式はシェルクノフの式として有名であり、各項の持つ意味合いは次のようになる。

R：シールド表面における波動インピーダンスの不整合から生じる反射損失

A：シールド板内で吸収される吸収損失

B：シールド板内で電波が多重反射することにより生じる多重反射損失

以上単層の場合のシールド効果の式を示したが、このように分布定数回路に置き換えて取り扱うと多層構造の場合のシールド効果も簡単に扱うことができる。

すなわち、N層構造のシールド板を取り扱う場合、まずシールド各層の四端子行列の要素 $A_k \sim D_k$ ($k=1,...,N$) を計算し、次にこれらを用いて次式のようにトータル的な四端子行列 $A_T \sim D_T$ を計算し、この結果得られた A_T および C_T を式 (5) に代入すればよい。

$$\begin{bmatrix} A_T & B_T \\ C_T & D_T \end{bmatrix} = \sum_{k=1}^{N} \begin{bmatrix} A_k & B_k \\ C_k & D_k \end{bmatrix} \begin{bmatrix} 1 & 0 \\ 1/Z_0 & 1 \end{bmatrix} \quad \cdots\cdots\cdots\cdots (7)$$

3－2 斜入射の場合

図5 (a) に示すように x-y 平面内において、x 軸と入射角度 ϕ をなす電界を有する平面波が同図 (b) のようにシールド板に入射角度 θ で斜入射した場合のシールド効果について検討する。

このような問題を取り扱う場合にはまず、入射波を TE および TM 波に分離して考えると便利である[5]。すなわち、この入射平面波の各成分は、

TE 波：$E_y = -E\sin\phi$　　　　TM 波：$E_x = E\cos\phi$
　　　：$H_x = H\sin\phi$　　　　　　　：$H_y = H\cos\phi$

となる。そこで、入射角度 θ における TE および TM 波についての透過係数を T_{TE} および T_{TM} と定義すれば、入射電力 $P_i=1$ に対して透過電力 P_t は、

$$P_t = |T_{TE}\sin\phi|^2 + |T_{TM}\cos\phi|^2$$

となる。シールド効果はこの P_t を用いることにより、次のように表すことができる。

$$SE = P_t/P_i = -10\log\{|T_{TE}\sin\phi|^2 + |T_{TM}\cos\phi|^2\} \text{ [dB]} \cdots\cdots (8)$$

ここで、T_{TE} および T_{TM} の計算は、T_{TE} および T_{TM} に対する波動インピーダンスおよび伝搬定数を用いて計算できる[3]。すなわち、この場合も詳細を付録4に示しているように、自由空間およびシールド板内における入射角度 θ 方向の TE および TM 波に対する波動インピーダンスおよび伝搬定数を用いて四端子行列を計算し、これを式 (5) に代入すればよい。

●第7章 電磁波から守るシールドの基礎

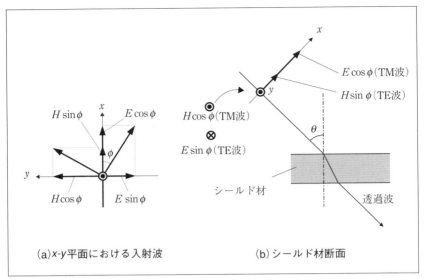

〔図5〕斜入射における解析モデル

3−3 異方性媒質の場合

　シールド材としては、例えば図6に示すように各種ファイバーを同一方向に配列、混入した異方性複合材料等の利用も考えられる。そこで、ここでは異方性媒質におけるシールド効果について述べる[6, 7]。

　異方性媒質として、図7に示すように ζ_1、ζ_2、ζ_3 方向に主軸を有する面内異方性誘電体のシールド板に対して、x 軸方向に電界を有する平面波が垂直に入射した場合を考える。上記主軸方向で対角化した誘電率テンソルを次のように定義する。

$$\varepsilon = \begin{vmatrix} \varepsilon_{11} & 0 & 0 \\ 0 & \varepsilon_{22} & 0 \\ 0 & 0 & \varepsilon_{33} \end{vmatrix} \quad \cdots\cdots\cdots\cdots\cdots (9)$$

　以下、解析プロセスについて要約すると、次の（1）〜（3）のよう

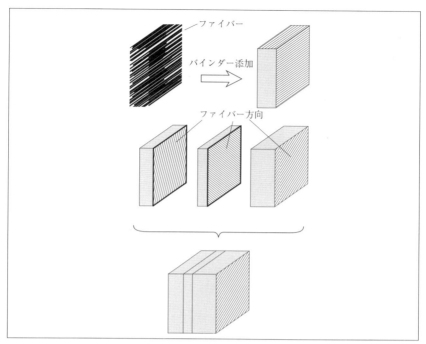

〔図6〕異方性物質の一例

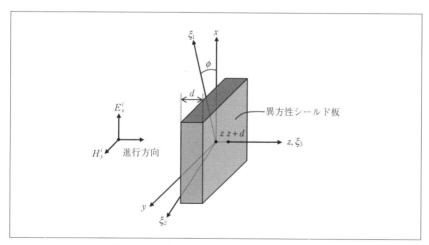

〔図7〕異方性シールド板の解析モデル

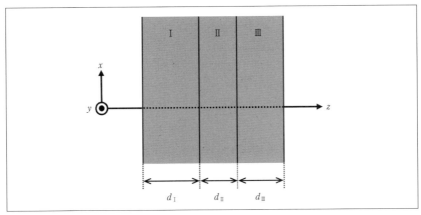

〔図8〕三層シールド板の解析モデル

になる。すなわち、
(1) 主軸方向である ζ_1、ζ_2 方向の電磁界について四端子行列を計算する。この場合、式（4）における ζ_1、および ζ_1 方向の四端子行列の γd および Z_s には次のような値を用いる。

◇電界が ζ_1 方向の場合

$$\gamma d = \theta_1 = \sqrt{j\omega\mu(\sigma + j\omega\varepsilon_{11})} \cdot d$$
$$Z_s = Z_1 = \sqrt{j\omega\mu/(\sigma + j\omega\varepsilon_{11})}$$

◇電界が ζ_2 方向の場合

$$\gamma d = \theta_2 = \sqrt{j\omega\mu(\sigma + j\omega\varepsilon_{22})} \cdot d$$
$$Z_s = Z_2 = \sqrt{j\omega\mu/(\sigma + j\omega\varepsilon_{22})}$$

(2) 入射波（x 偏波）を ζ_1 偏波と ζ_2 偏波とに分離し、(1) のプロセスで得られた四端子行列を作用させた後、再び x、y 軸方向の電磁界で表現すると次式が得られる。これについては、付録5に考え方を示す。

$$\begin{bmatrix} E_x(z) \\ E_y(z) \\ H_x(z) \\ -H_y(z) \end{bmatrix} = \begin{bmatrix} A_{11} & A_{12} & B_{11} & B_{12} \\ A_{21} & A_{22} & B_{21} & B_{22} \\ C_{11} & C_{12} & D_{11} & D_{12} \\ C_{21} & C_{22} & D_{21} & D_{22} \end{bmatrix} \begin{bmatrix} E_x(z+d) \\ E_y(z+d) \\ H_x(z+d) \\ -H_y(z+d) \end{bmatrix} \quad \cdots\cdots (10)$$

この場合、行列の各要素は次のように表される。

$A_{11}=D_{11}=\cosh\theta_1\cdot\cos^2\phi+\cosh\theta_2\cdot\sin^2\phi$

$A_{22}=D_{22}=\cosh\theta_1\cdot\sin^2\phi+\cosh\theta_2\cdot\cos^2\phi$

$A_{12}=A_{21}=D_{12}=D_{21}=\sin\phi\cdot\cos\phi\ (\cosh\theta_1-\cosh\theta_2)$

$B_{11}=Z_1\sinh\theta_1\cdot\cos^2\phi+Z_2\sinh\theta_2\cdot\sin^2\phi$

$B_{22}=Z_1\sinh\theta_1\cdot\sin^2\phi+Z_2\sinh\theta_2\cdot\cos^2\phi$

$C_{11}=\sinh\theta_1\cdot\cos^2\phi/Z_1+\sinh\theta_2\cdot\sin^2\phi/Z_2$

$C_{22}=\sinh\theta_1\cdot\sin^2\phi/Z_1+\sinh\theta_2\cdot\cos^2\phi/Z_2$

$B_{12}=B_{21}=\sin\phi\cdot\cos\phi\ (Z_1\sinh\theta_1-Z_2\sinh\theta_2)$

$C_{12}=C_{21}=\sin\phi\cdot\cos\phi\ (\sinh\theta_1/Z_1-\sinh\theta_2/Z_2)$

(3) この四端子行列から散乱行列を求めることによりシールド効果(SE)は次式のように得られる。

$$\mathrm{SE}=-10\log\ [|\alpha|^2+|\beta|^2]\ \ [\mathrm{dB}] \quad \cdots\cdots\cdots (11)$$

ここで、α、β は次のように各四端子行列の各要素を用いて表される。

$\alpha=2\ (A_{21}+B_{21}/Z_0+Z_0C_{21}+D_{21})\ /\Delta$

$\beta=-2\ (A_{22}+B_{22}/Z_0+Z_0C_{22}+D_{22})\ /\Delta$

$\Delta=\ (A_{12}+B_{12}/Z_0+Z_0C_{12}+D_{12})\ (A_{21}+B_{21}/Z_0+Z_0C_{21}+D_{21})$
$\ -\ (A_{11}+B_{11}/Z_0+Z_0C_{11}+D_{11})\ (A_{22}+B_{22}/Z_0+Z_0C_{22}+D_{22})$

以上単層の場合について説明したが、この場合も各入射角度 ϕ の変化に対して四端子行列を求め、トータル的な四端子行列の各要素を導出すると、たとえば入射電界方向に対して異方性の主軸方向の異なる

各層を多層に積層した多層シールド板の場合についても計算が可能である。次式は、$\phi=90°$および $45°$方向の各層を 3 層に積層した場合の例を示したものである。この考え方を付録 6 に示す。

$$\begin{bmatrix} A_T & B_T \\ C_T & D_T \end{bmatrix} = \begin{bmatrix} A_{90°} & B_{90°} \\ C_{90°} & D_{90°} \end{bmatrix} \begin{bmatrix} A_{45°} & B_{45°} \\ C_{45°} & D_{45°} \end{bmatrix} \begin{bmatrix} A_{90°} & B_{90°} \\ C_{90°} & D_{90°} \end{bmatrix}$$

また、本解析法は、異方性磁性体についても応用でき、この場合の計算は、γ および Z_s を透磁率テンソルの主値を用いて変形するだけで可能である。

以上の計算式を用いて、一層ではあるが ϕ の変化に対してシールド効果を計算した一例を図 9 に示す。

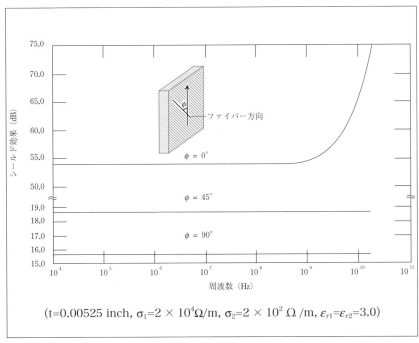

(t=0.00525 inch, $\sigma_1=2\times10^4\Omega/m$, $\sigma_2=2\times10^2\,\Omega/m$, $\varepsilon_{r1}=\varepsilon_{r2}=3.0$)

〔図 9〕異方性シールド板に対する計算結果の一例

4. 電界および磁界シールド理論

4−1　シェルクノフの式の応用

一般に電界シールドおよび磁界シールドの計算においては、平面波シールドの時に説明したシェルクノフの式に、近傍での波動インピーダンスを代入することにより近似的に計算されることもある。すなわち、図3で示した波動インピーダンス Z_w は、式（2）および式（3）で示すように βr の値に対して大きく変化する。そこで、この式で示される波動インピーダンス Z_w をシェルクノフの式に代入することにより電界シールドおよび磁界シールドの計算を近似的に行う。

特に、近傍領域においては、$\beta r \ll 1$ であるので、この条件下で式（2）および式（3）を変形すると

◇電界シールドの場合

$$Z_w \fallingdotseq 1/(j\omega\varepsilon_0 r) = -j1.798 \times 10^{10}/(fr)\ [\Omega] \quad \cdots\cdots (12)$$

◇磁界シールドの場合

$$Z_w \fallingdotseq j\omega\mu_0 r = j7.896 \times 10^{-6} \cdot fr\ [\Omega] \quad \cdots\cdots\cdots\cdots (13)$$

となる[8]。この計算において、電界シールドの波動インピーダンス Z_w について付録7に示しておく。そして、この近似的な Z_w を自由空間インピーダンス Z_0 の代わりに式（6）に代入することにより、電界シールド効果および磁界シールド効果を計算できる。

4−2　金属板のシールド

以上の議論を踏まえて、ここではシェルクノフの式を用いて、金属板におけるシールド効果について具体的に検討する[9, 10]。

4−2−1　反射損失

金属においては、$\varepsilon_r \fallingdotseq 1$ であるから、金属板の特性インピーダンス

および伝搬定数は MKS 単位系において

$$Z_s = \sqrt{j\mu_r f / \sigma_r} \times 3.689 \times 10^{-7} \quad [\Omega] \quad \cdots\cdots\cdots (14\text{-a})$$

$$\gamma = \sqrt{j\omega\mu_0\mu_r\sigma} \quad \cdots\cdots\cdots\cdots\cdots\cdots\cdots\cdots\cdots (14\text{-b})$$

となり、また、近傍界での波動インピーダンスは、電界および磁界シールドの場合、式（12）および（13）となるので、これらを式（6）に代入すると次のようにシールド効果の計算式が得られる。

◇電界シールドの場合

$$R_E \fallingdotseq -20\log 4|k| = 354.8 - 10\log\{\sigma_r/(\mu_r f^3 r^2)\} \quad [\text{dB}] \cdots (15)$$

◇磁界シールドの場合

$$R_H \fallingdotseq 20\log 0.0168 \, (\mu_r/f\sigma_r)^{1/2}/r + 5.3508 \, (f\sigma_r/\mu_r)^{1/2} r$$
$$+ 0.3536 \, [\text{dB}] \quad \cdots\cdots\cdots\cdots (16)$$

◇平面波シールドの場合

$$R_P \fallingdotseq 168 + 10\log(\sigma_r/\mu_r f) \quad [\text{dB}] \quad \cdots\cdots\cdots\cdots\cdots\cdots (17)$$

このように各シールド効果は、これらの式を計算すれば得られる。

4－2－2　吸収損失

金属板における反射損失は、式（14-b）の金属板内での伝搬定数 γ から式（6）を用いて次式で表される。この式から知れるように金属内に入射した電波は指数関数的に弱まるため、吸収損失は、スキンデプス δ（電波が $1/e$ に減衰する距離）と厚さ t との比で決定される。特に高周波では、δ は極めて小さく、結果的に非常に大きな吸収損失が得られる。

$$A = 20(t/\sigma)\log e = 131.4\sqrt{\sigma_r\mu_r f} \cdot t \quad \cdots\cdots\cdots\cdots (18)$$

例えば、厚さ 1mm のアルミ板は $f=1\text{MHz}$ において、理論的に

105dBの吸収損失が得られる。

4－2－3　多重反射損失

多重反射損は各領域の波動インピーダンス Z_s、Z_w と式（6）を用いて次式で表される。

$$B = 20\log \left| \begin{array}{l} 1-\{(k-1)/(k+1)\}^2 \times 10^{-A/10} \\ \cdot \{\cos(30.26\sqrt{\sigma_r \mu_r f} \cdot t) - j\sin(30.26\sqrt{\sigma_r \mu_r f} \cdot t)\} \end{array} \right| \text{[dB]}$$

……… (19)

この式から金属板のように σ が大きい場合、$(k-1)^2/(k+1)^2 \fallingdotseq 1$ となるため、その他の項の大きさ、すなわち、吸収量 A の大きさが効いてくる。このことから、金属板が厚い場合や、周波数が高い場合には上記したように吸収損失が大きくなるので、多重反射損は吸収損失に比べて極めて小さくなり無視できる。

この目安として一般に吸収損失が大きくなり、15dB以上の場合にはこの項は無視できることが知られている[11]。ただし、σ が小さい場合には、多重反射損は $\{1-(k-1)^2/(k+1)^2\}$ で決まり、無視できなくなるので注意を要する。

5. 電磁界シミュレータの応用例

以上、古典的なシールド理論について解説したが、最近の電磁界シミュレータの普及には著しいものがある。特に、MoM、FDTD[12, 13]、FEMの市販シミュレータの威力は極めて大きい。そこで最後に一例として、鉄筋コンクリート壁のシールド特性について文献14)を参考に紹介する。

図10に、鉄筋コンクリート壁の（a）全体図および（b）側面図を示す。同図に示すように、本鉄筋コンクリート壁はコンクリートの内

●第7章 電磁波から守るシールドの基礎

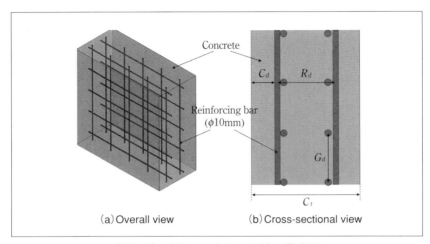

〔図10〕鉄筋コンクリート壁の構成図

部に互いに直交するように配置された直径10mmの2組の鉄筋から構成されている。ここで、コンクリート被り厚（コンクリート表面と1層目鉄筋との間隔）を C_d [mm]、格子間隔を G_d [mm]、鉄筋間隔（1-2層間の鉄筋間隔）を R_d [mm] およびコンクリートの厚みを C_t [mm] とする。

ここで解析は、電磁界シミュレータHFSS（Ver.11.1 Ansoft社）を用いて行う。この解析では、一例として鉄筋間隔 R_d を100mm、コンクリートの厚み C_t を200mmとして固定し、コンクリート被り厚 C_d を0〜90mm、格子間隔 G_d を100〜200mmの範囲でそれぞれ10mmステップで変化させる。このような条件下において、周波数を0.5〜1.5GHzまで0.01GHzステップで変化させた場合のシールド特性に関する設計チャートを作成している。なお、シールド量は空間に何も配置しない場合との透過量の差で定義している。

図11に、一例としてコンクリートの誘電率が $\dot{\varepsilon}_r = 5.5 - j0.1$ の場合における最大シールド量の分布図、図12に格子間隔および複素誘電率の実部を5.0, 5.5, 6.0と変化させた場合の最大シールド量の周波数特性を示す。図11より、格子間隔が狭いほど高いシールド量が得

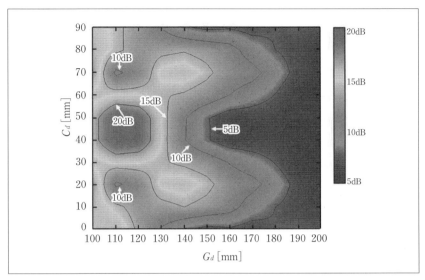

〔図11〕シールド量分布（$\dot{\varepsilon}_r$=5.5 − j0.1）

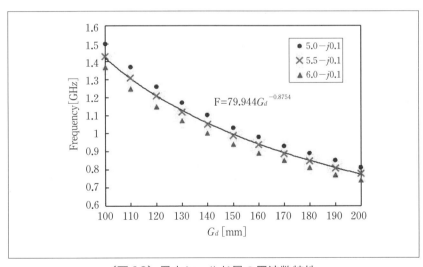

〔図12〕最大シールド量の周波数特性

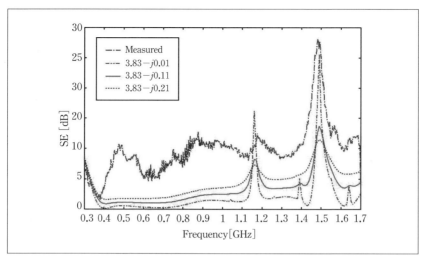

〔図13〕誘電率の変化に対するシールド特性

られ、格子間隔 G_d が 110 〜 120mm、コンクリート被り厚 C_d が 40 〜 50mm の場合には 20dB を超える高いシールド量が得られることがわかる。

次に図 12 より、最大シールド量の周波数は実部が大きいほど低域側へ、小さいほど高域側へシフトすることが確認できる。また、一例として誘電率が $\varepsilon_r=5.0-j0.1$ の場合における最大シールド量の近似曲線を図中に示す。このような近似式を用いることで、所望の周波数に対するシールド設計が可能となる。

最後に図 13 に、一例として、コンクリートの誘電率の実部を 3.83 とし、虚部を変化させた場合の解析結果を測定結果と併せて示す。結果より、解析と測定結果の傾向が一致している様子がわかる。

6. おわりに

以上、シールドの基礎理論を中心に解説した。理解の助けになるように付録や参考文献を多用したつもりである。本解説が、この分野の

多くの研究者や技術者のお役に立てば幸いである。

●参考文献
1) 清水康敬監修:「電磁波の吸収と遮断」，日経技術図書，1989 年
2) 橋本修他:「新しい電波工学」，培風館，1998 年
3) 橋本修:「電波吸収体のはなし」，日刊工業新聞社，2001 年
4) シェルクノフ著，森脇義雄訳:「電磁波論」，岩波書店，1969 年
5) W.A.Stirrat : "USAECOM Contributions to shielding theory," IEEE Trans., EMC-10, pp.63-66, 1968
6) R.F.Stratton : "Electromagnetic properties and effects of advanced composite materials," Report of Rome Air Development Denter , 1978
7) O.Hashimoto, Y.Shimizu : "Reflecting characteristics of anisotropic rubber sheets and measurement of complex permittivity tensor," IEEE Trans., MTT-34, pp.1202-1207, 1986
8) タケダ理研工業, Technical Information, FD20101, 1982 年
9) 荒木康夫:「電磁妨害波と防止対策」，東京電気大学出版局
10) R.B.Cowdell : "New dimensions in shielding," IEEE Trans., EMC-10, pp.158-167, 1968
11) B.Keiser : "Principles of ELECTROMAGNETIC COMPATIBILITY," (ARTECH), 1979
12) 橋本修:「FDTD 時間領域差分法入門」，森北出版，1996 年
13) 橋本修:「実践 FDTD 時間領域差分法」，森北出版，2006 年
14) 増永隆二他:「鉄筋コンクリート壁のシールド特性に関する検討」，電気学会計測研究会資料，IM-13-18，2010 年

付録1　シールド効果の表現

本文中図4(a)において、それぞれa面とb面において

◇a面において

$$E_{x1} = E_x^i + E_x^r$$
$$H_{y1} = H_y^i - H_y^r$$

◇b面において

$$E_{x2} = E_x^t$$
$$H_{y2} = H_y^t$$

となり、a面から見た波動インピーダンス Z_{in} は、$H_{y2}=0$ より A/C で与えられる。そして、この Z_{in} を用いると反射係数 Γ_{in} は

$$\Gamma_{in} = \frac{Z_{in} - Z_0}{Z_{in} + Z_0}$$

となる。また

$$E_{x1} = E_x^i + E_x^r = E_x^i + \Gamma_{in} E_x^i = E_x^i (1 + \Gamma_{in})$$

と表すことができ、さらに $E_{x2}=E_x^t$ および $H_{y2}=H_y^t=0$ より

$$E_{x1} = A \cdot E_{x2} + B \cdot H_{y2} = A \cdot E_x^t$$

となることから、反射係数 Γ_{in} を用いて

$$E_x^t = \frac{E_{x1}}{A} = \frac{E_x^i (1 + \Gamma_{in})}{A}$$

となる。ゆえに $Z_{in}=A/C$ を用いて変形すると SE は

$$\text{SE} = 20 \log \left| \frac{E_x^i}{E_x^t} \right| = 20 \log \left| \frac{A}{1 + \Gamma_{in}} \right| = 20 \log \left| \frac{1}{2} (A + Z_0 C) \right|$$

と表される。

付録2 シェルクノフの式の導出 (その1)

(5) 式に具体的な A と C を代入して整理する。すなわち、$\theta = \gamma d$ として、

$$(5)式 = 20\log\left|\frac{1}{2}\left(\cosh\theta + \frac{Z_s}{Z_0}\sinh\theta + \frac{Z_0}{Z_s}\sinh\theta + \cosh\theta\right)\right|$$

$$= 20\log\left|\frac{1}{2}\left(\frac{Z_s}{Z_0} + \frac{Z_0}{Z_s}\right)\cdot\sinh\theta + 2\cosh\theta\right|$$

となる。ここで絶対値の中を α として、また

$$k = \frac{Z_0}{Z_s} \text{ および、} \frac{Z_s}{Z_0} + \frac{Z_0}{Z_s} = \frac{1}{k} + k = \frac{1+k^2}{k}$$

とすると α は、

$$\alpha = \frac{e^\theta + e^{-\theta}}{2} + \frac{1}{2}\left(\frac{1+k^2}{k}\right)\left(\frac{e^\theta - e^{-\theta}}{2}\right)$$

$$= \left(\frac{1}{2} + \frac{1}{4}\cdot\frac{1+k^2}{k}\right)e^\theta - \left(-\frac{1}{2} + \frac{1}{4}\cdot\frac{1+k^2}{k}\right)e^{-\theta}$$

$$= \frac{(1+k)^2}{4k}e^\theta - \frac{(k-1)^2}{4k}e^{-\theta}$$

$$= \frac{(1+k)^2}{4k}\left\{1 - \frac{(k-1)^2}{(k+1)^2}e^{-2\theta}\right\}e^\theta$$

となる。ここで

とすれば、SE は

$$\mathrm{SE} = -20\log\left|p\left(1 - qe^{-2\theta}\right)^{-1} e^{-\theta}\right|$$

となる。ここで

$$\mathrm{SE} = A + B + R$$

とすると、それぞれの A、B、R は次のように表すことができる。

$$A = -20\log\left|e^{-\gamma d}\right|$$

$$B = -20\log\left|1 - \left(\frac{k-1}{k+1}\right)^2 e^{-2\gamma d}\right|^{-1}$$

$$R = -20\log\left|\frac{4k}{(1+k)^2}\right|$$

付録3　シェルクノフの式の導出（その2）

図3-1のように、それぞれの波動インピーダンスを k_0、k_1 と置くと、それぞれA面とB面における反射係数と透過係数は次のようになる。

A面　　$T_A = \dfrac{2k_1}{k_0 + k_1}$,　　$R_A = \dfrac{k_0 - k_1}{k_0 + k_1}$

B面　　$T_B = \dfrac{2k_0}{k_0 + k_1}$,　　$R_B = \dfrac{k_1 - k_0}{k_0 + k_1}$

これより、1の入力に対して図3-2のように反射・透過をくり返すと、

B面の透過波は、図を参考にその成分の和で表すと、

$$=T_A \cdot T_B \cdot e^{-\gamma d}+T_A \cdot T_B \cdot R_A \cdot R_B \cdot e^{-3\gamma d}+\ldots\ldots$$
$$=T_A \cdot T_B \cdot e^{-\gamma d}(1+R_A \cdot R_B \cdot e^{-2\gamma d}+R_A^2 \cdot R_B^2 \cdot e^{-4\gamma d}+\ldots\ldots)$$
$$=T_A \cdot T_B \cdot e^{-\gamma d}/(1-R_A \cdot R_B \cdot e^{-2\gamma d})$$

となり、（　）内の等比級数は簡単に計算できるので、シェルクノフの式を導出可能となる。

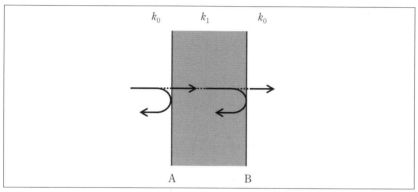

〔図3-1〕解析モデル

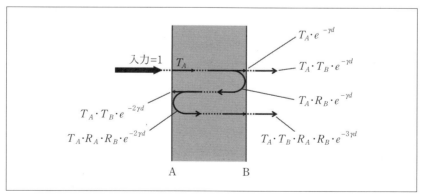

〔図3-2〕各面での反射と透過の様子

付録4　TE波とTM波の考え方

　図4-1および図4-2のように、シールド材に平面波が斜入射する場合について考える。この場合、四端子行列を用いて透過の問題を考える場合には、伝搬方向に対する波動インピーダンスと伝搬定数を考えればよい。すなわち、波動インピーダンスは図4-1および図4-2に示すように、TE波に対して、$\cos\theta$で割ったもの、TM波に対して$\cos\theta$をかけた形で表現でき、伝搬定数については、TE波、TM波とも

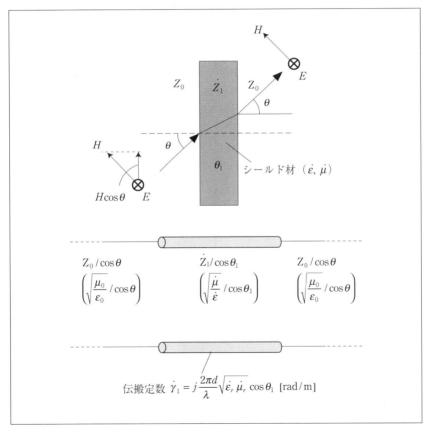

〔図4-1〕シールド材に斜入射する場合　TE波の場合

cosθ をかけた形で表現できる。

また、空気中における入射角度と吸収材料の入射角度の間にはスネルの法則が成り立っているので、この法則より式中の θ_1 は θ を用いて表現でき、これらを用いて、斜入射の場合の透過係数の計算が可能となる。

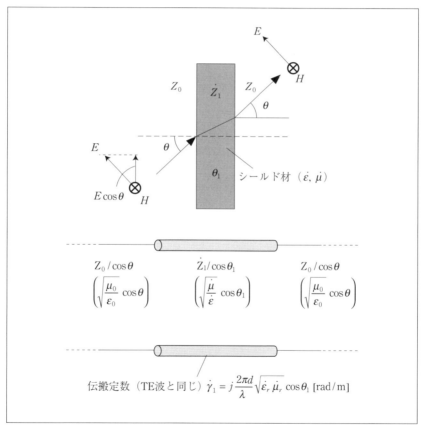

〔図4-2〕シールド材に斜入射する場合　TM波の場合

付録5 異方性材料のシールド効果の計算

ファイバ方向と電界が平行な場合について四端子行列は次のようになる。

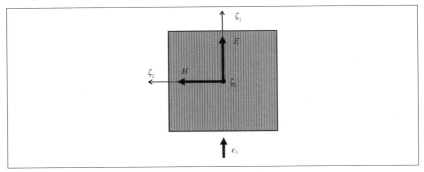

〔図5-1〕平行な場合

$$\begin{bmatrix} E_{\zeta 1}(\zeta_3) \\ H_{\zeta 2}(\zeta_3) \end{bmatrix} = \begin{bmatrix} \cosh\theta_1 & Z_1 \sinh\theta_1 \\ (1/Z_1)\sinh\theta_1 & \cosh\theta_1 \end{bmatrix} \begin{bmatrix} E_{\zeta 1}(\zeta_3 + d) \\ H_{\zeta 2}(\zeta_3 + d) \end{bmatrix}$$

また、ファイバ方向と電界が垂直な場合については、四端子行列は次のようになる。

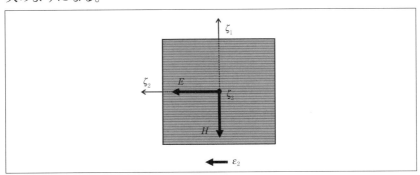

〔図5-2〕垂直な場合

$$\begin{bmatrix} E_{\zeta 2}(\zeta_3) \\ -H_{\zeta 1}(\zeta_3) \end{bmatrix} = \begin{bmatrix} \cosh\theta_2 & Z_2\sinh\theta_2 \\ (1/Z_2)\sinh\theta_2 & \cosh\theta_2 \end{bmatrix} \begin{bmatrix} E_{\zeta 2}(\zeta_3+d) \\ -H_{\zeta 1}(\zeta_3+d) \end{bmatrix}$$

これより、これらをまとめると次のようになる。

$$\begin{bmatrix} E_{\zeta 1}(\zeta_3) \\ E_{\zeta 2}(\zeta_3) \\ H_{\zeta 2}(\zeta_3) \\ -H_{\zeta 1}(\zeta_3) \end{bmatrix} = \left[\begin{array}{cc|cc} \cosh(\theta_1) & 0 & Z_1\sinh(\theta_1) & 0 \\ 0 & \cosh(\theta_2) & 0 & Z_2\sinh(\theta_2) \\ \hline (1/Z_1)\sinh(\theta_1) & 0 & \cosh\theta_1 & 0 \\ 0 & (1/Z_2)\sinh(\theta_2) & 0 & \cosh\theta_2 \end{array} \right] \cdot \begin{bmatrix} E_{\zeta 1}(\zeta_3+d) \\ E_{\zeta 2}(\zeta_3+d) \\ H_{\zeta 2}(\zeta_3+d) \\ -H_{\zeta 1}(\zeta_3+d) \end{bmatrix}$$

$$\equiv \begin{bmatrix} A & B \\ C & D \end{bmatrix}_0$$

このように得られた四端子行列を、再び x, y 軸方向で表現すると

$$[R_\phi] = \left[\begin{array}{cc|cc} \cos\phi & \sin\phi & \multicolumn{2}{c}{0} \\ -\sin\phi & \cos\phi & & \\ \hline \multicolumn{2}{c|}{0} & \cos\phi & \sin\phi \\ & & -\sin\phi & \cos\phi \end{array} \right]$$

$$\begin{bmatrix} E_x(z) \\ E_y(z) \\ H_y(z) \\ -H_x(z) \end{bmatrix} = [R_{-\phi}] \begin{bmatrix} A & B \\ C & D \end{bmatrix}_0 [R_\phi] \begin{bmatrix} E_x(z+d) \\ E_y(z+d) \\ H_y(z+d) \\ -H_x(z+d) \end{bmatrix}$$

$$\equiv \begin{bmatrix} A & B \\ C & D \end{bmatrix}$$

として本文中の (10) 式が導出できる。

付録6　三層シールドの場合

今、Ⅰ～Ⅲの3つのシールド層がある場合、それぞれの異方性媒質に対して四端子行列を求めてそのトータル行列を求めるとよい。

$$\begin{bmatrix} E_x(z) \\ E_y(z) \\ H_y(z) \\ -H_x(z) \end{bmatrix} = \begin{bmatrix} A & B \\ C & D \end{bmatrix}_{\mathrm{I}} \begin{bmatrix} E_x(z+d_1) \\ E_y(z+d_1) \\ H_y(z+d_1) \\ -H_x(z+d_1) \end{bmatrix} = \cdots\cdots\cdots$$

$$= \underbrace{\begin{bmatrix} A & B \\ C & D \end{bmatrix}_{\mathrm{I}} \begin{bmatrix} A & B \\ C & D \end{bmatrix}_{\mathrm{II}} \begin{bmatrix} A & B \\ C & D \end{bmatrix}_{\mathrm{III}}}_{\equiv \begin{bmatrix} A & B \\ C & D \end{bmatrix}} \begin{bmatrix} E_x(z+d) \\ E_y(z+d) \\ H_y(z+d) \\ -H_x(z+d) \end{bmatrix}$$

付録7　電界シールドにおける波動インピーダンス

微小ダイポールの電界と磁界の比を求めると、以下のようになる。そして、この分母と分子に$-(j\beta r)^2$をかけて整理すると、$\beta r \ll 1$のもとでは、以下のような近似式が得られる。ここで、$Z_0/\beta = 1/\omega\varepsilon_0$である。

$$Z_w = \frac{E_\theta}{H_\phi} = Z_0 \frac{1 + \dfrac{1}{j\beta r} - \dfrac{1}{(\beta r)^2}}{1 + \dfrac{1}{j\beta r}}$$

$$= Z_0 \frac{(\beta r)^2 - j\beta r - 1}{(\beta r)^2 - j\beta r}$$

$$\simeq \frac{Z_0}{j\beta r} = \frac{1}{j\omega\varepsilon_0 r}$$

$$= -j1.798 \times 10^{10} / (f \cdot r)$$

第8章　イミュニティ向上
機器のイミュニティ試験の概要

<（独）情報通信研究機構　石上　忍>

1. 高周波イミュニティ試験規格について

IEC SC77B（TC77 の小委員会）の責任で作成されている、電気電子機器に対するイミュニティ試験基本規格を表1に示す。

このうち、IEC 61000-4-20 および 4-21 は、放射、無線周波数、電磁界イミュニティ試験を 4-3 のように電波暗室内で行うのではなく、それぞれ TEM 導波管（TEM セル、GTEM セル等）および反射箱にて行うための試験方法を記述しており、これらの規格は放射妨害波試験や HEMP の試験方法などについても規定されている。本稿ではこれらは取り扱わない。

これら 61000-4 シリーズのイミュニティ試験基本規格の概観を記した IEC 61000-4-1[1] では、各種電気電子機器に対し必要な基本規格を選択することに資する概要が述べられている。表2に各基本規格の概要を記す。

ここでは、これらの試験方法の中で、一般的な電気電子機器に対して概ね必須のイミュニティ試験と考えられる IEC 61000-4-2、4-3、4-4、4-5、および 4-6 について、それぞれの規格の成り立ちおよび試験法について説明する。

電気電子機器が外来の妨害源より妨害を受ける場合、妨害が対象機器に侵入する際の経路について、IEC 61000-2-5：1995、電磁両立性（EMC）—第2部：環境—第5章：電磁環境の分類[2] では、電磁妨害と機器とのエネルギーのインターフェースとして、『ポート』という概念が導入されている。ポートと機器との関係を模式的に表したものが、図1である。同図よりポートは6種類に分類され、筐体 (enclosure) ポート以外の AC 電源 (AC power) ポート、DC 電源 (DC power) ポート、制御 (control) ポート、信号 (signal) ポート、および接地 (earth) ポートはそれぞれの外部接続線より電磁妨害が侵入する。筐体ポートは、一般に電磁波として伝搬している電磁エネルギーが筐体を通じて侵入すると考える。なお IEC 61000-4-1 では、信号ポートと制御ポートは一つにまとめられている。ある電気電子機器に

〔表1〕SC77B 担当[注1]のイミュニティ試験基本規格

規格番号	規格名称
IEC 61000-4-2	静電気放電イミュニティ試験
IEC 61000-4-3	放射無線周波（RF）電磁界イミュニティ試験
IEC 61000-4-4	電気的高速過渡現象／バースト（EFT/B）イミュニティ試験
IEC 61000-4-5	サージイミュニティ試験
IEC 61000-4-6	無線周波数電磁界で誘導された伝導妨害に対するイミュニティ試験
IEC 61000-4-9	パルス磁界イミュニティ試験
IEC 61000-4-10	減衰振動磁界イミュニティ試験
IEC 61000-4-12	振動波イミュニティ試験
IEC 61000-4-18	減衰振動波イミュニティ試験
IEC 61000-4-20	TEM 導波管によるエミッションおよびイミュニティ試験
IEC 61000-4-21	反射箱による試験

〔表2〕イミュニティ試験基本規格の概要

規格番号	規格概要
IEC 61000-4-2	静電気放電が起こりうる環境下で使用されるすべての機器に適用
IEC 61000-4-3	RF 電磁界中に存在するすべての機器に適用
IEC 61000-4-4	電源に接続された機器、または電源近接の信号または制御線を持つ機器に適用
IEC 61000-4-5	建物または電源内のネットワークに接続された機器に適用
IEC 61000-4-6	RF 電磁界中に存在し、電源または他の信号線または制御線に接続されている機器に適用
IEC 61000-4-9	主として電気プラントに設置される機器に適用
IEC 61000-4-10	主として高圧変電所に設置される機器に適用
IEC 61000-4-12	特定国（米国の電力網など）の交流電源に接続された機器に適用
IEC 61000-4-18	発電所および高圧変電所に設置される機器に適用

対して行われるイミュニティ試験は、機器の通常の使用時に想定しうる電磁妨害現象および設置環境をすべて考慮すること、および想定した電磁妨害現象と設置環境に対応したポートに対する試験がすべて選択されていることが必要である。ゆえに、一つの種類の電気電子機器に対して、一般には複数の種類の試験を行うことが求められる。

注1）IEC 61000-4-20、4-21 は CISPR/A と SC77B との JTF（Joint Task Force：合同作業部会）。

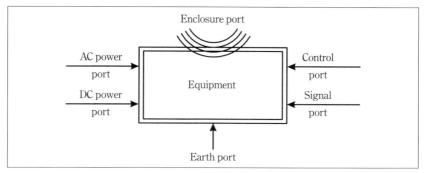

〔図1〕機器への電磁妨害におけるポート [1]

2. 静電気放電イミュニティ試験

2—1 概論

　同試験を規定している規格は、表1より IEC 61000-4-2 であるが、現在同規格は第2.0版（2008年）に改訂されている。一方、本規格に対応した JIS 規格では、IEC 規格の第1版より作成された JIS C 61000-4-2：1999 となっている。そのため、現在 JIS 規格の改訂作業が行われており（2010年現在）、数年後に JIS 規格も IEC 規格と同じ版となる予定である。

　静電気放電（ESD：Electrostatic Discharge）に対するイミュニティ試験を規定した規格は歴史が古く、元々は IEC TC65（工業プロセス計測制御）が作成した、IEC 801-2 第2版（1991年）：『工業プロセス計測機器と制御機器の電磁両立性』第2部：静電気放電の要求事項を基にしている。1989年12月の ACEC 会議の勧告に従い、IEC 801 シリーズ規格の適用範囲を電気電子機器全般に拡大し、TC77 の 1000-4 シリーズへ移管したことに伴い、本規格も IEC 1000-4-2 第1版（1995年）となった。1997年に IEC の規格番号の改訂があり、1000 シリーズは万の桁に6を付与することになったが、改番前後の内容は技術的に全く同一である。本規格の第1版に関しては、801 シ

リーズから技術的変更はない。

IEC 61000-4-1 によれば、設置場所（環境）に対する本試験の適用については、住宅・商業・軽工業地域、工業地域、特別地域（発電所等）のそれぞれに対して、特例以外は適用となっており、また供試機器のポートに基づいた本試験の適用については、基本的には筐体ポートのみ適用となっている。すなわち、本規格は電気電子機器を取り扱う人の人体帯電と機器筐体との間に起こる静電気放電によって発生する電流および電磁界に対する機器の耐性を試験することが目的である。

2—2　試験方法[3]

本節では、最新のIEC規格における試験法の概略を述べる。
まずESD試験器の仕様については、以下のとおりである。
◇エネルギー蓄積容量と試験器周辺の分布容量の和：150pF
◇放電抵抗：330Ω
◇出力電圧の極性：正または負
◇出力電圧の許容範囲：±5%
◇放電電流波形（図2および表3を参照）

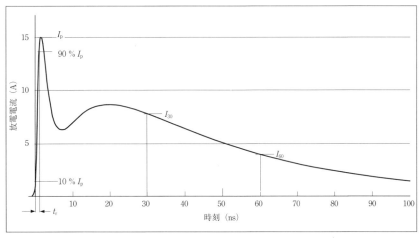

〔図2〕4kVにおける理想的な放電電流波形[3]

〔表3〕接触放電電流波形のパラメータ

レベル	表示電圧 kV	最初の放電ピーク電流 I_p (±15%) A	立ち上がり時間 t_r (±25%) ns	30nsでの電流値 (±30%) A	60nsでの電流値 (±30%) A
1	2	7.5	0.8	4	2
2	4	15	0.8	8	4
3	6	22.5	0.8	12	6
4	8	30	0.8	16	8

測定基準時刻は電流値が最初のピーク値の10%に到達した瞬間。

〔表4〕試験レベル

接触放電		気中放電	
レベル	試験電圧 kV	レベル	試験電圧 kV
1	2	1	2
2	4	2	4
3	6	3	8
4	8	4	15
x	特別	x	特別

xはオープンレベルである。このレベルは設備仕様書に注記されなければならない。

試験レベルは接触放電および気中放電でそれぞれ表4のとおり。

試験方法は、筐体への直接放電においては接触放電と気中放電、また水平結合板および垂直結合板への間接放電を実施する。図3は卓上機器に対する試験セットアップの例である。

3. 放射無線周波 (RF) 電磁界イミュニティ試験

3—1 概論

表1より、対応する規格はIEC 61000-4-3であり、同規格の最新

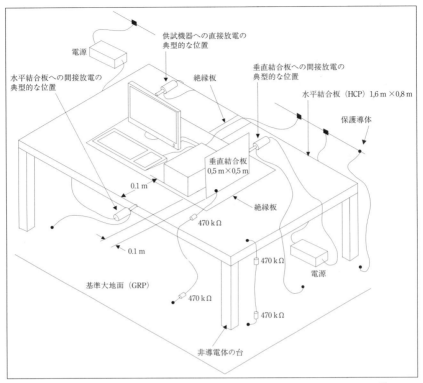

〔図3〕卓上機器に対する試験セットアップの例(試験室試験)[3]

版は第3.2版(2010年)である。一方、本規格に対応したJIS規格では、IEC規格の第2版より作成されたJIS C 61000-4-3：2005となっている。そのため、2010年現在、JIS規格の改訂作業が行われており、数年後にJIS規格もIEC規格と同じ版となる予定である。

　放射無線周波(RF)電磁界に対するイミュニティ試験を規定した規格もESD試験と同様に、元々はIEC TC65が作成したIEC 801-3第1版(1984年)：『工業プロセス計測機器と制御機器の電磁両立性』第3部：放射電磁界の要求事項を基にしている。ただしこの当時の規格では、振幅変調波ではなく、正弦波による試験であった。801-2の場合と同様、ACEC会議の勧告に従い、1995年、TC77の1000-4シリ

ーズへ移管、本規格は若干の技術的内容の変更を伴い、IEC 1000-4-3 第1版（1995年）となった。1997年、IECの規格番号に60000を加えた番号に切り替えがあり、61000-4シリーズとなったが、内容は全く同一である。

　IEC 61000-4-1によれば、本規格は、設置場所（環境）に対する本試験の適用については、住宅・商業・軽工業地域、工業地域、特別地域（発電所等）のそれぞれに対して、特例以外は適用となっており、また供試機器のポートに基づいた本試験の適用については、筐体ポートについては『特例以外は適用』、その他のポートについては『特例以外は適用不可』となっている。すなわち、本規格は電気電子機器の筐体を通じて印加される放射電磁エネルギーに対する機器の耐性を試験することが目的である。

3—2　試験方法[4)]

　本節では、最新のIEC規格における試験法の概略を述べる。

　試験は、図4のように電波無響室内で行われる。まず供試機器を設置する場所の電界均一性を校正するために、無変調の正弦波（CW）を用いて、規格で指定された校正面と校正点において電界強度が+0dB～+6dBの範囲に収まることを確認する。次に、電界均一性校正時と同一のCW電力に対し1kHz、80%変調度の振幅変調信号を発生させ、供試機器に電界を印加する。

　次に試験周波数および試験レベルであるが、まず周波数範囲は80MHz～6GHzまでである。また試験レベルは表5の通りである。すべての機器に対し必須の試験は80MHz～1GHzまで、ディジタル無線電話などに対する防護を目的とした試験の場合は、別途試験レベルを選定しなおして800MHz～960MHz、1.4GHz～6.0GHzまでの試験を行う。この場合の周波数は、想定される妨害に合わせて任意の範囲（例えば800MHz～900MHz、および1.4GHz～1.6GHz)を選択できる。

　試験前の電界均一性の校正に際しては、電界均一面の概念を導入す

●第8章 機器のイミュニティ試験の概要

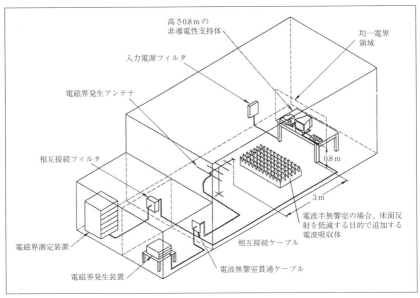

〔図4〕適切な試験装置の例[4]

〔表5〕試験レベル

レベル	試験電界強度 V/m
1	1
2	3
3	10
4	30
x	特別
xはオープンレベルである。このレベルは製品規格で与えられる。	

る。電界均一面は設置しようとする供試機器の前面に合わせる。その面において、50cm間隔、1.5m×1.5mの格子点16点を電界測定ポイントとする。床面に一番近い4点は、床面より0.8m離す。校正は、80MHzより開始し、周波数を1%ずつ増やしてゆく。上限は試験周波数に合わせる。各周波数において、16点の75%、すなわち12点が

+0dB〜+6dBの電界強度の範囲内に収まっている必要がある（+0dBとは、例えば校正電界強度を5.4V/mとすると、12点のうちの最小の界強度が5.4V/m以上を補償している必要があることを意味する）。校正時のCW電力は、試験電界強度の1.8倍（例えば試験電界強度を3V/mとすると、5.4V/m）とし、試験時に3V/mの電界強度に対し1kHz、80%の振幅変調波を用いることが、変調波印加時のパワーアンプの飽和による電界強度不足を防ぐ意味で推奨されている。

また試験周波数が1GHzを超える場合に、送信アンテナの指向性の鋭さの問題で、上記16点の電界均一性を確保できない場合には、0.5m×0.5mの最小均一面（校正点4点）を用いた『独立ウィンドウ法』という代替試験法を用いることができる。この場合独立した9つのウィンドウができるので、供試機器の大きさに応じてどのウィンドウを選択するかを決定する。供試機器が大きければ複数のウィンドウを選択する。選択した各ウィンドウで校正を行う。

4. 電気的高速過渡現象／バースト（EFT/B）イミュニティ試験

4—1 概論

表1より、対応する規格はIEC 61000-4-4であり、同規格の最新版は第2.0版 修正表1付（2010年）である。一方、本規格に対応したJIS規格では、IEC規格の第2.0版より作成されたJIS C 61000-4-4：2007となっている。

本規格はIEC TC65が作成したIEC 801-4第1版（1988年）：『工業プロセス計測機器と制御機器の電磁両立性』第4部：高速過渡電流バーストの要求事項を基にしている。1995年、TC77の1000-4シリーズへ移管し、IEC 1000-4-4第1版となった。1997年、IECの規格番号に60000を加えた番号に切り替えがあり、61000-4シリーズとなった。

IEC 61000-4-1 によれば、本規格は、設置場所（環境）に対する本試験の適用については、住宅・商業・軽工業地域、工業地域、特別地域（発電所等）のそれぞれに対して、特例以外は適用となっており、また供試機器のポートに基づいた本試験の適用については、筐体ポート以外のすべてのポートで『特例以外は適用』となっている。本規格は、電源線、信号／制御線および接地線に対し、誘導負荷の断続、リレー接点のチャタリングなどによって発生する、繰り返しの高速過渡雑音（バースト）が印加されたときの機器の耐性を試験することが目的である。

4―2 試験方法[5]

本節では、最新のIEC規格における試験法の概略を述べる。

まず試験レベルについては、表6の通りである。

第1版では、繰り返し率は5kHzのみであったが、第2版では100kHzが追加された。100kHzの方がより現実の現象に近いため、製品規格原案作成委員会は試験対象の製品種別ごとに、どちらの繰り返し率が適切かを判断する必要がある。また製品種別によっては電源ポートと他のポートで明確な区別がない場合があり、そのときには同委員会が判断を行う。なお、EFT/Bの標準波形は図5に示すようなイ

〔表6〕試験レベル

	開回路出力試験電圧およびインパルスの繰り返し率			
	電源ポート、保護接地		入出力信号、データ、および制御ポート	
レベル	電圧ピーク kV	繰り返し率 kHz	電圧ピーク kV	繰り返し率 kHz
1	0.5	5または100	0.25	5または100
2	1	5または100	0.5	5または100
3	2	5または100	1	5または100
4	4	5または100	2	5または100
X	特別	特別	特別	特別
Xはオープンレベルである。レベルは個別装置の仕様書に明記しなければならない。				

ンパルス波形がバーストとして 15ms の間繰り返される、バースト周期は 300ms であるので、残りの時間はバーストの休止時間である。

次に試験セットアップについて説明する。試験は試験室での型式(適

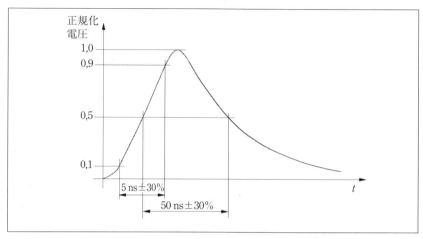

〔図 5〕50 Ω負荷への単発パルス波形[5)]

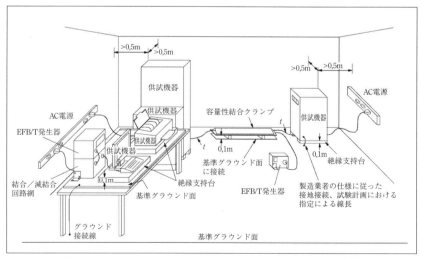

〔図 6〕試験室での型式試験の標準的なセットアップ[5)]

211

● 第8章 機器のイミュニティ試験の概要

合性)試験と設置後試験の2種類があり、規格では前者を推奨している。ただし供試機器の設置状況などによって後者を選択することもできる。図6は試験室での型式試験の標準的なセットアップである。ただし、欧米と日本とでは配電系統における接地方法が異なるため、JIS 規格では日本の事情に合わせた注記を付加している。

　試験室での試験における供試機器への電圧印加方法をポートごとに示す。電源ポートでは、結合／減結合回路網（CDN：Coupling / Decoupling Network）を使用して印加する。入出力・通信ポートの場合は、容量性結合クランプを使用する。筐体接地ポートの場合は、保護接地導体の端子に印加を行う。また設置後試験における電圧印加方法は、電源ポートおよび接地ポートの場合、基準グラウンド面と各電源端子、および供試機器筐体の保護または機能接地導体の端子に同時に印加する。入出力・通信ポートの場合は、原則として容量性結合クランプを使用する。

5. サージイミュニティ試験

5—1 概論

　表1より、対応する規格は IEC 61000-4-5 であり、同規格の最新版は第2.0版 正誤表1付（2009年）である。一方、本規格に対応した JIS 規格では、IEC 規格の第2.0版より作成された JIS C 61000-4-5：2009 となっている。

　本規格は、IEC TC65 が作成した IEC 801-5 第1版（1990年）：『工業プロセス計測機器と制御機器の電磁両立性』第5部：電気的サージの要求事項を基にしている。1995年、TC77 の 1000-4 シリーズへ移管し、IEC 1000-4-5 第1版となった。1997年、IEC の規格番号に 60000 を加えた番号に切り替えがあり、61000-4 シリーズとなった。

　IEC 61000-4-1 によれば、本規格は、設置場所（環境）に対する本試験の適用については、住宅・商業・軽工業地域、工業地域、特別地

域（発電所等）のそれぞれに対して、特例以外は適用となっており、また供試機器のポートに基づいた本試験の適用については、AC電源ポートで『特例以外は適用』となっており、その他のポートについては、DC電源、信号、接地の各ポートについて『特定状況下において適用』、筐体ポートは非適用となっている。本規格は、主にAC電源系に対し、スイッチングおよび雷の過渡現象による過電圧によって発生する一方向性のサージに対する機器の耐性を試験することが目的である。

5—2　試験方法[6]

本規格において想定されている過渡現象は、前述の通りスイッチングおよび雷によるものであるが、規格では原因別に以下のように分類されている。

◇スイッチング：
  a）高電圧蓄電器スイッチングなどの主電源系のスイッチング妨害
  b）計器付近の小さなスイッチング動作、または電力配電系の負荷変動
  c）サイリスタのような、スイッチング素子に関連する共振回路
  d）設備の接地系の短絡、または放電故障のような様々なシステム故障

◇雷：
  a）接地抵抗または外部回路のインピーダンスに大電流が流れることで電圧が誘起するような外部回路（屋外）への直撃雷
  b）建物の外側や内部の導体に電圧が誘起するような間接的な落雷
  c）近くの大地へ直接放電し、設備の接地系の共通接地経路に結合するような、雷の大地電流

表7に試験レベルを示す。

本試験では、コンビネーション波形発生器を試験用サージ発生器として用いる。この発生器は、負荷の状況に応じて、電圧サージ波形（1.2/50ms：開回路条件）と電流サージ波形（8/20ms：閉回路条件）の双方を発生できる。図7にCDN非接続時の開回路電圧サージ出力

●第8章 機器のイミュニティ試験の概要

〔表7〕試験レベル

レベル	開回路試験電圧±10% kV
1	0.5
2	1.0
3	2.0
4	3.0
x	特別

xはオープンレベルである。このレベルは製品規格で与えられる。

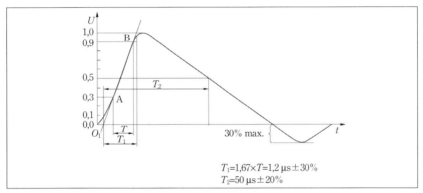

$T_1 = 1.67 \times T = 1.2\,\mu s \pm 30\%$
$T_2 = 50\,\mu s \pm 20\%$

〔図7〕CDN非接続時の開回路電圧サージ出力波形（IEC 60060-1の定義）[6]

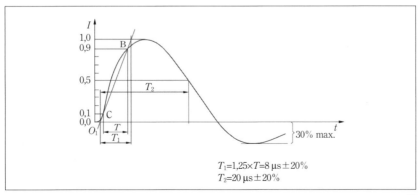

$T_1 = 1.25 \times T = 8\,\mu s \pm 20\%$
$T_2 = 20\,\mu s \pm 20\%$

〔図8〕CDN非接続時の閉回路電流サージ出力波形（IEC 60060-1の定義）[6]

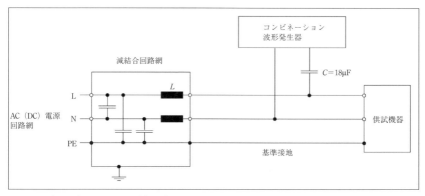

〔図9〕AC/DC 線の容量結合に対する試験セットアップの例
（ライン—ライン結合）[6]

波形を、図8に CDN 非接続時の閉回路電流サージ出力波形をそれぞれ示す。ただし本波形は IEC 60060-1（高電圧試験技術 第1部：一般的な定義および試験要求事項）に従ったもので、他の規格では IEC 60469-1（パルス技術と機器 第1部：パルス用語および定義）に従った定義も存在する。IEC61000 シリーズではどちらの波形も有効である。

　図9に試験セットアップの一例を示す。規格では、8例が示されている。ただし本規格においても、欧米と日本とでは配電系統における接地方法が異なるため、JIS 規格では、日本の電源系に適用する場合の問題点と解決方法について解説を追加している。

6. 無線周波数電磁界で誘導された伝導妨害に対するイミュニティ試験

6—1　概論

　表1より、対応する規格は IEC 61000-4-6 であり、同規格の最新版は第3.0版（2008年）である。一方、本規格に対応した JIS 規格

では、IEC規格の第2.0版より作成されたJIS C 61000-4-6：2006となっている。

本規格はIEC TC65が作成したIEC 801-6第1版（1992年）：『工業プロセス計測機器と制御機器の電磁両立性』第6部：伝導性高周波の要求事項を基にしている。1996年、IEC 1000-4-6第1版が発行され、1997年、IECの規格番号に60000を加えた番号に切り替えがあり、61000-4シリーズとなった。

IEC 61000-4-1によれば、本規格は、設置場所（環境）に対する本試験の適用については、住宅・商業・軽工業地域、工業地域、特別地域（発電所等）のそれぞれに対して、特例以外は適用となっており、また供試機器のポートに基づいた本試験の適用については、EFT/B試験と同様、筐体ポート以外のすべてのポートで『特例以外は適用』となっている。本規格は、周波数範囲9kHzから80MHzまでの意図的に電磁波を放射するRF送信機によってAC、DC、通信／制御、接地の各線に誘導される伝導性妨害に対する電子機器の耐性を試験することが目的である。ゆえに、これらの線を一つも持たない機器は試験対象から除外される。

6—2　試験方法[7]

試験周波数およびレベルは、表8で与えられるとおりである。なお同表における試験レベルは、無変調時の開放端値（起電力）であり、実際の機器の試験では、放射妨害試験の場合と同様に、表のレベルに対し1kHz、80%変調度の振幅変調をかけた信号を用いる。また製品委員会は、供試機器の種類によって試験周波数を80MHz以上または未満に選択することができる。

伝導性イミュニティ試験は、原理的には図10のような機器の配置で行う。ここで、補助装置（AE：Auxiliary Equipment）は、供試機器の正常動作に必要な信号を供給し、供試機器の性能を検証するのに必要な装置であるが、供試機器によっては必要としない場合もある。CDNのAE端子および供試機器側端子は、基本的には基準グラウンド

〔表 8〕試験レベル

レベル	周波数範囲　150kHz〜80MHz	
	電圧レベル（起電力）	
	U_0 dB(μV)	U_0 V
1	120	1
2	130	3
3	140	10
X	特別	
X はオープンレベルである。		

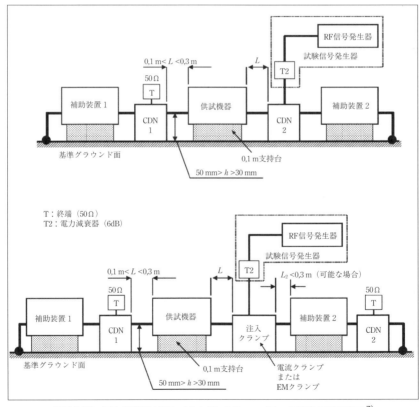

〔図 10〕RF 伝導妨害に対するイミュニティ試験の配置図 [7]

217

●第8章 機器のイミュニティ試験の概要

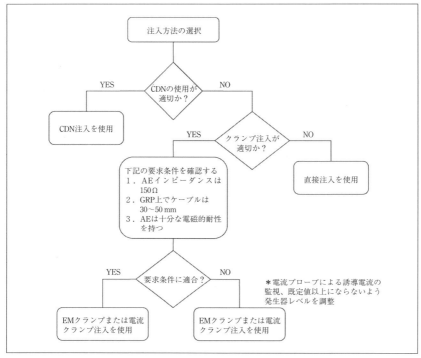

〔図11〕注入方法を選択するための規則[7]

面に対し150Ωのコモンモードインピーダンスを持つように設計されている。AEがない場合は、AE端子は150Ω負荷で終端する。一方CDNの試験信号注入端子は、試験信号発生器の出力インピーダンス50Ωと、CDN内部で100Ωのインピーダンスを含んでいるので、トータルで測定系としては150Ωのコモンモードインピーダンスとなる。

試験の際の注入するケーブルの種類や環境によって、試験信号の注入方法を選択する必要があり、規格では図11のフローチャートに従ってCDN注入、直接注入、EMクランプ／電流クランプ注入のいずれを選択するかを決定する。

コモンモードインピーダンス150Ωのリターンパスを1つとするために、試験においては試験対象のポート（線）にCDNを接続し、

150Ω系の回路を形成する。また他の1つのポートをCDNまたは減結合回路網を介して50Ωで終端する。残りのすべてのポートにもCDNまたは減結合回路網を接続する。

●参考文献
1) IEC 61000-4-1, Ed.3.0, 2006.
2) IEC 61000-2-5, Ed.1.0, 1995.
3) IEC 61000-4-2, Ed.2.0, 2008.
4) IEC 61000-4-3, Ed.3.2, 2010.
5) IEC 61000-4-4, Ed.2.0 Amd.1, 2010.
6) IEC 61000-4-5, Ed.2.0 Cor.1, 2009.
7) IEC 61000-4-6, Ed.3.0, 2008.

第9章 電波吸収体
電磁波から守る電波吸収体の基礎

<青山学院大学　橋本　修>

1. はじめに

　電波吸収体とは、入射した電波のエネルギーのほとんどを内部で熱エネルギーに変換する材料である。ここでいう電波とは、航空機や船舶のレーダなどの比較的遠くから来る反射波（遠方電磁界）、あるいは電子機器筐体内部のノイズ（近傍電磁界）等であり、いずれも機器の性能を劣化させ、トラブルの基となる不要電波である。ここで、熱に変換されることにより、当然電波吸収体の内部の温度は上昇することになるが、通常使用されている範囲においては、電波吸収体から外部へ熱放射されるため、ほとんど吸収体自体の温度は上がらない。吸収体を実際に使用するためには、その使用状況に応じた最適な材料、あるいは効率良く吸収するための形状など、設計上、検討しなければならない項目や条件も多い。

　本章では、電波吸収体を実現する上で必要な材料定数の説明、吸収体を設計するための基礎事項として、平面波と伝送線路についての説明、さらに具体的な電波吸収体の設計方法を中心に解説する。

2. 吸収材料の分類

　電波吸収体として用いられる材料は、実現したい吸収帯域などの条件に応じて、抵抗性、誘電性、および磁性吸収材料の3つに分類できる。このとき、それぞれの材料の性能を示す電気的特性は導電率（σ）、複素誘電率（$\dot{\varepsilon}$）、および複素透磁率（$\dot{\mu}$）を用いて表す。これらは物質固有の電気的特性を示すので、まとめて「材料定数」と呼ばれ、電波吸収体の実現にはこれらを精度良く測定し、把握する必要がある。複素誘電率と複素透磁率について、その定義をまとめたものを、表1に示し、以下にそれぞれの吸収材料について説明する。

2—1　抵抗皮膜

　抵抗体に電流を流すと、流れる電流により熱が発生する原理と同様

〔表1〕複素誘電率 $\dot{\varepsilon}$ および複素透磁率 $\dot{\mu}$

複素誘電率（$\dot{\varepsilon}$）	複素透磁率（$\dot{\mu}$）
● 複素誘電率 　$\dot{\varepsilon} = \varepsilon' - j\varepsilon''$	● 複素透磁率 　$\dot{\mu} = \mu' - j\mu''$
● 真空中の誘電率 　$\varepsilon_0 = 8.854 \times 10^{-12}$ F/m	● 真空中の透磁率 　$\mu_0 = 1.257 \times 10^{-6}$ H/m
● 複素比誘電率 　$\dot{\varepsilon}_r = \dot{\varepsilon}/\varepsilon_0 = \varepsilon'_r - j\varepsilon''_r$	● 複素比透磁率 　$\dot{\mu}_r = \dot{\mu}/\mu_0 = \mu'_r - j\mu''_r$
● 比誘電率とは真空中と物質固有の誘電率の比	● 比透磁率とは真空中と物質固有の透磁率の比

に、導電率（σ）の有限な媒質に電界が加えられると伝導電流が流れ、電磁波のエネルギーは熱に変換される。このような材料には、導電性繊維を布状に織り上げた布や酸化インジウムすずを蒸着した誘電体シート等がある。また、これらは抵抗皮膜と呼ばれ、その電気的特性は厚さの無視できる正方形状の抵抗として、面抵抗値（Ω□）で表される。

2―2　誘電性損失材料

　発泡ポリエチレンにグラファイト（カーボン粒子）や、樹脂にカーボン粒子を含有した電波吸収体では、図1（a）に示すように、無損失の誘電体の中に抵抗粒子（カーボン粒子）が分散していることになる。そしてこの材料の電気的な等価回路をモデル的に表すと、同図（b）のように、カーボン粒子自体の持つ抵抗とカーボン粒子間の静電容量が複雑に結合した形として考えることができる。この図からわかるように、この材料に電界を加えても、低い周波数では電流が流れないため、抵抗による熱の発生はほとんど生じない。しかし、周波数が高くなると、周波数に反比例してコンデンサのインピーダンスが低くなるため、抵抗にも電流が流れることになり、その結果、抵抗体における熱の発生が起こる。このような現象で、電波エネルギーが熱エネルギーに変換される材料が誘電性吸収材料である。

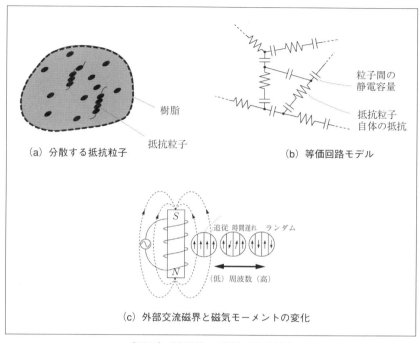

〔図1〕誘電性・磁性吸収材料

2—3 磁性吸収材料

　磁性吸収材料の代表的なものは、フェライトである。フェライトのような磁性を持つ材料では、内部の電子がスピン（回転）している。電子は電荷を持っていることから、この電子のスピンは小さなコイルに電流が流れていることと同じことになる。コイルに電流が流れると、電磁石が存在することに相当するから、磁性材料の中にたくさんの微小磁石があることになる。このような状態で、外部から交流磁界（時間とともに磁気の方向が変わる）が加わることは、外部に大きな別の電磁石を置いたことと同じになる。そのため図1(c)のように、内部の微小磁石（磁気モーメント）は加えられた外部磁界の方向に向きを変えることになる。

この場合、低い周波数の外部磁界では、加えられた磁界の方向の通りに、微小磁石もまたその磁気モーメントの向きを変えるので、外部磁界の変化に抵抗することなく、電気的な抵抗も生じない。しかし、次第に周波数を上げていくと、微小磁石の変化には時間的な遅れが生じ、外部磁界の方向通りに、微小磁石の方向は変わらなくなる。このことから、等価的に電気的な抵抗として現れることになる。

そして、さらに周波数が非常に大きくなると、もはや微小磁石は外部磁界の方向についていくことができなくなり、外部磁界の方向に関係なく止まってしまい、このような状態では、電気的な抵抗は現れなくなる。このような現象により、磁性吸収材料の抵抗が現れるため、周波数によってその吸収特性は大きく変化する。

3. 電波と伝送線路

3—1 基礎事項

電波の反射を扱うとき伝送線路として扱うと大変便利である。すなわち図2を用いて電波を扱うマクスウェルの方程式の電界(E)と磁界(H)、および伝送線路を扱う電信方程式の電圧(V)と電流(I)を比較する。

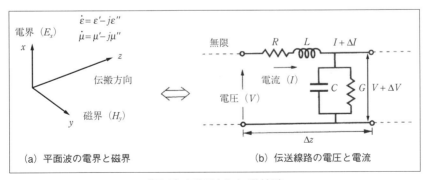

〔図2〕平面波と伝送線路

$$
\begin{array}{ll}
\text{マクスウェルの方程式} & \text{電信方程式} \\
\dfrac{dE_x}{dz} = -(\omega\mu'' + j\omega\mu')H_y & \dfrac{dV}{dz} = -(R + j\omega L)I \\
\dfrac{dH_y}{dz} = -(\omega\varepsilon'' + j\omega\varepsilon')E_x & \dfrac{dI}{dz} = -(G + j\omega C)V
\end{array}
$$

　この方程式の比較からわかるように、電界と電圧、磁界と電流というように対応関係を考えてみると表2のように、それぞれの電磁界における材料定数 ($\dot{\varepsilon} = \varepsilon' - j\varepsilon''$, $\dot{\mu} = \mu' - j\mu''$) が伝送線定数 ($R, G, C, L$) と一定の関係をもっていることがわかる。そして、これらの対応関係から例えば ε' と μ' は電波の位相変化（回路で言えば、C と L）に関係し ε'' と μ'' は電波の減衰（回路で言えば、G と R）に対応していることが想像できる。

　このような考えから空間を伝搬する平面波に対する反射問題が、伝送線理論で単純化できることがわかり、平面波が複数の境界を通過するような場合（多層構成の電波吸収体からの反射問題）でも伝送線路を応用して取り扱いが可能となる。以下、その場合の基礎となる伝送線路を用いた反射の問題を考える。

〔表2〕空間の電磁波と伝送線路との対応

$H \Leftrightarrow I$	$\omega\varepsilon'' \Leftrightarrow G$	$\varepsilon' \Leftrightarrow C$
$E \Leftrightarrow V$	$\omega\mu'' \Leftrightarrow R$	$\mu' \Leftrightarrow L$

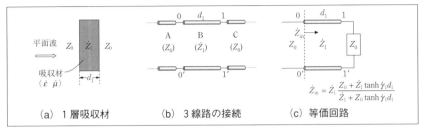

〔図3〕1層吸収材の場合

3—2　1層の吸収材の場合

　平面波が2つの境界（吸収材）を通過するときの伝送線モデルを図3に示す。このモデルは吸収体の設計に応用したい場合として、自由空間において吸収材の前面に平面波が垂直入射する場合に対応している。このとき、この伝送線モデルでは、同図（b）に示すように特性インピーダンスが空気（$Z_0 = \sqrt{\mu_0/\varepsilon_0}$）の無限長線路A,Cにはさまれて、特性インピーダンスが吸収材（$\dot{Z}_1 = \sqrt{\dot{\mu}/\dot{\varepsilon}}$）で線路長が$d_1$の線路Bに接続されていると考えることができる。

　このようなモデルで線路Cが無限長であることを考慮すると、同図（c）に示すように終端に線路Cの特性インピーダンスZ_0が負荷として接続された回路に置き換えることができる。このとき、この等価回路で接続面1—1'端からd_1だけ左側の位置における接続面0—0'において、終端側を見込んだインピーダンスは、伝送線理論より図中に示したように計算できるので、この$\dot{Z}_{in}$を用いて線路上の接続面0—0'、すなわち吸収材表面における反射や透過の問題を扱うことができる。

　さらに、図5のように、1層吸収材に図4に示すような電磁界の方向を有するTE波とTM波の平面波が斜入射する場合について考える。この場合、伝送線理論を用いて、反射の問題を考える場合には、伝搬方向に対する特性インピーダンスと伝搬定数を考えればよい。すなわち、特性インピーダンスは同図に示すように、TE波に対して、$\cos\theta$で割ったもの、TM波に対して$\cos\theta$をかけた形で表現でき、伝搬定数

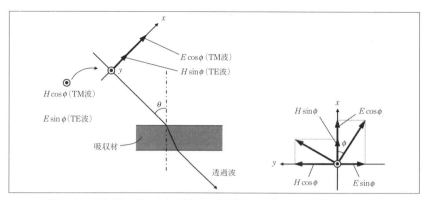

〔図4〕1層吸収材に斜入射する場合の電磁界 (TE波・TM波)

については、TE波、TM波とも $\cos\theta$ をかけた形で表現できる。また、空気中における入射角度と吸収材中の入射角度の間にはスネルの法則が成り立っているので、式中の θ_1 は θ を用いて表現でき、これらを用いて、斜入射の場合の反射係数の計算が可能となる。

3—3　2層以上の吸収材の場合

このような考え方は、さらに2層の反射問題にも応用できる。すなわち、一例として、平面波が図6のように3つの境界を通過するときの伝送線モデルを考えてみる。

このモデルは、同図（b）に示すように特性インピーダンスが左から順に $Z_0, \dot{Z}_2 = \sqrt{\dot{\mu}_2/\dot{\varepsilon}_2}, \dot{Z}_1 = \sqrt{\dot{\mu}_1/\dot{\varepsilon}_1}$ である4種類の線路 (A, B_2, B_1, C) が接続されている場合であり、A, Cの線路長は空気として無限、B_1, B_2 の線路は d_1, d_2 の有限の長さを持つ吸収材と考えられる。このとき、図の2—2'端から右側（終端）を見込んだインピーダンス $\dot{Z}_{in1}$ は先の場合と同じ考え方で求めることができるので、この線路モデルは $\dot{Z}_{in}$（3—2で求めた $\dot{Z}_{in}$ に相当）を負荷として接続した同図（c）のような等価回路に簡略化できる。

そして、この簡略化したモデルは、先に示した境界が2つの場合と等しいことから、接続面0—0'から見込んだインピーダンス $\dot{Z}_{in}$ が計算

● 第9章 電磁波から守る電波吸収体の基礎

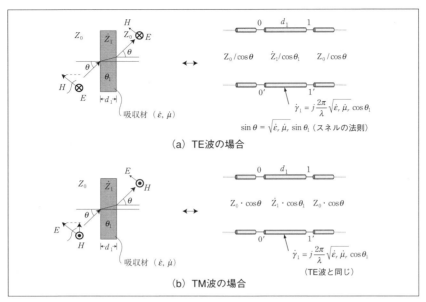

〔図5〕1層吸収材に斜入射する場合の伝送線路モデル

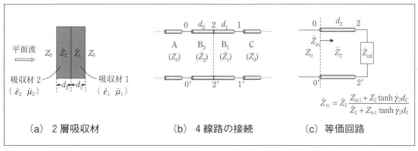

〔図6〕2層吸収材の場合における伝送線路モデル

でき、これを用いて吸収材表面における反射係数や透過係数を求めることができる。

このように、ここでは3つの境界が存在する場合について説明したが、さらに境界が多数存在する場合でも、この考え方を同じように繰り返すことで順次解析的に境界の数を減らすことができ、吸収材表面

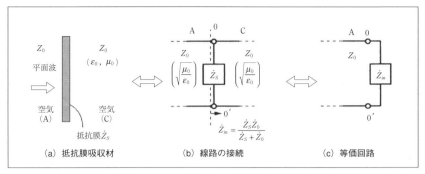

〔図7〕抵抗皮膜の場合

から見込んだインピーダンスの計算を容易に行うことができる。このような考え方が2層や多層吸収体の設計に応用される。

3—4 抵抗皮膜の場合

図7に示すように空気中に厚さの無視できる抵抗皮膜が存在している場合について考える。この場合、伝送線モデルでは、空気で構成される線路A, C間にインピーダンス$\dot{Z}_s$の素子が並列に接続されていると考えることができる。このとき、この部分の線路長は零と考えられるので、0—0′端（抵抗皮膜のわずか左側）から右の終端側を見込んだインピーダンス$\dot{Z}_{in}$は$\dot{Z}_s$とZ_0の並列接続と考えることができる。この考え方は4—3節で示す$\lambda/4$型電波吸収体の設計に応用される。

4. 具体的な設計法

4—1 設計の考え方

図8に示すように、平面波が裏側に金属板を配置した電波吸収材（材料定数が$\dot{\varepsilon}_r$と$\dot{\mu}_r$）に垂直入射した場合を考える。このような電波吸収体の構成における反射、吸収問題の取り扱いは、3項で説明したように伝送線理論を用いて行うことができる。

● 第9章 電磁波から守る電波吸収体の基礎

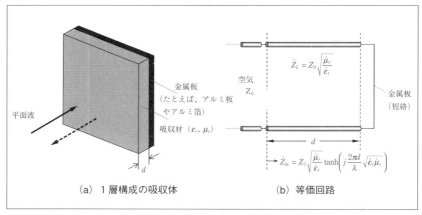

〔図8〕1層構成吸収体と等価回路

　すなわち、このような構成を等価回路に置き換えると、同図(b)のようになり、反射をなくす、つまり入射する電波のエネルギーをすべて吸収させるためには、電波吸収材の表面から金属板を見込んだ入力インピーダンス $\dot{Z}_{in}$ を平面波の波動(特性)インピーダンス Z_0 (376.7Ω)と等しくすればよいことになる。このことは、図9に示すように交流回路において負荷に最大のエネルギーを供給するための整合条件、すなわち、電源の内部インピーダンスが負荷インピーダンスと等しい ($Z_0=\dot{Z}_L$) ことと同じに考えることができる。

　このような考え方から、吸収が最大となる条件式は以下のように求められ、この式は「無反射条件式」と呼ばれている。

◇無反射条件式の導出

　図10に示すように、一般に、受端に $\dot{Z}_L$ の負荷を接続された特性インピーダンス $\dot{Z}_C$ の伝送線路において、受端から距離 d の位置にある点から受端側を見込んだインピーダンス $\dot{Z}_{in}$ は伝搬定数を $\dot{\gamma}_C$、特性インピーダンスを $\dot{Z}_C$ とすれば、

$$\dot{Z}_{in} = \dot{Z}_C \frac{\dot{Z}_L + \dot{Z}_C \tanh \dot{\gamma}_C d}{\dot{Z}_C + \dot{Z}_L \tanh \dot{\gamma}_C d} \quad \cdots\cdots\cdots\cdots\cdots\cdots\cdots\cdots (1)$$

となる。

ここで、特性インピーダンス $\dot{Z}_C$ および伝搬定数 $\dot{\gamma}_C$ は、

$$\dot{Z}_C = \sqrt{\frac{\dot{\mu}_r \mu_0}{\dot{\varepsilon}_r \varepsilon_0}} = \sqrt{\frac{\mu_0}{\varepsilon_0}} \sqrt{\frac{\dot{\mu}_r}{\dot{\varepsilon}_r}} = \dot{Z}_0 \sqrt{\frac{\dot{\mu}_r}{\dot{\varepsilon}_r}}$$

$$\dot{\gamma}_C = j\omega \sqrt{\varepsilon_0 \mu_0 \dot{\varepsilon}_r \dot{\mu}_r} = j\frac{2\pi}{\lambda} \sqrt{\dot{\varepsilon}_r \dot{\mu}_r}$$

と表すことができる。

このような伝送線路の考え方を用いて、いま、図8 (a) のように、空間を伝搬する電波が電波吸収体に垂直入射する場合を考える。

この解析モデルにおいて、$\dot{Z}_L$ は金属板の特性インピーダンスである

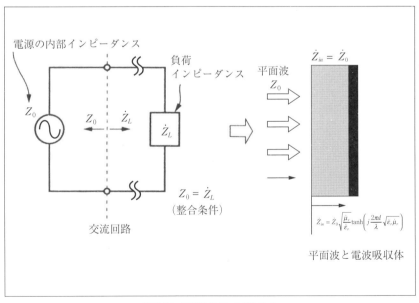

〔図9〕吸収条件の考え方

から$\dot{Z}_L = 0$となる。これより、上式を整理すると、次式のように書き換えられる。

$$\dot{Z}_{in} = \dot{Z}_0 \sqrt{\frac{\dot{\mu}_r}{\dot{\varepsilon}_r}} \tanh\left(j\frac{2\pi d}{\lambda}\sqrt{\dot{\varepsilon}_r \dot{\mu}_r}\right) \quad \cdots\cdots\cdots (2)$$

ここで、吸収体表面において無反射（すなわち、$\dot{\Gamma}=0$）になる条件は、

$$\dot{\Gamma} = \frac{\dot{Z}_{in} - \dot{Z}_0}{\dot{Z}_{in} + \dot{Z}_0} = 0 \Rightarrow \dot{Z}_{in} = \dot{Z}_0 \quad \cdots\cdots\cdots (3)$$

となるので、$\dot{Z}_{in} = Z_0$から、

$$1 = \sqrt{\frac{\dot{\mu}_r}{\dot{\varepsilon}_r}} \tanh\left(j\frac{2\pi d}{\lambda}\sqrt{\dot{\varepsilon}_r \dot{\mu}_r}\right) \quad \cdots\cdots\cdots (4)$$

と導出できる。

　さらにこのような垂直入射の場合と同様な考え方で、斜入射におけるTE波やTM波の無反射条件式も入射角度θに対して次式のように求めることができる。もちろん、$\theta = 0°$のとき、（4）式 ～ （6）式は同

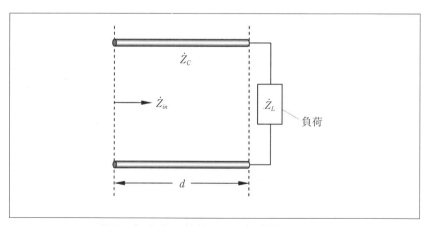

〔図10〕負荷の接続された伝送線路モデル

じものになる。

◇ TE 波の場合

$$1 = \frac{\dot{\mu}_r \cos\theta}{\sqrt{\dot{\varepsilon}_r \dot{\mu}_r - \sin^2\theta}} \tanh\left(j\frac{2\pi d}{\lambda}\sqrt{\dot{\varepsilon}_r \dot{\mu}_r - \sin^2\theta}\right) \quad \cdots\cdots\cdots (5)$$

◇ TM 波の場合

$$1 = \frac{\sqrt{\dot{\varepsilon}_r \dot{\mu}_r - \sin^2\theta}}{\dot{\varepsilon}_r \cos\theta} \tanh\left(j\frac{2\pi d}{\lambda}\sqrt{\dot{\varepsilon}_r \dot{\mu}_r - \sin^2\theta}\right) \quad \cdots\cdots\cdots (6)$$

4—2　誘電性吸収材

　以上説明した無反射条件式を用いて誘電性吸収材を利用した1層型電波吸収体の設計をしてみる。すなわち、電波吸収体を誘電性吸収材を用いて製作するとすれば、$\dot{\mu}_r=(1.0-j0.0)=1$ となるから、

$$1 = \frac{1}{\sqrt{\dot{\varepsilon}_r}} \tanh\left(j\frac{2\pi d}{\lambda}\sqrt{\dot{\varepsilon}_r}\right) \quad \cdots\cdots\cdots\cdots\cdots\cdots\cdots (7)$$

となる。

　以上、これらの式を活用し、設計にいかしてみる。そのために、まずこれらの式を波長 λ で規格化した吸収体の厚み d/λ を変化させ、表3に示すように複素比誘電率（$\dot{\varepsilon}_r = \varepsilon_r' - j\varepsilon_r''$）の実部 ε_r' と虚部 ε_r'' の解を求め、それを図11のように $\varepsilon_r' - \varepsilon_r''$ 平面上に描いてみる。この曲線を求めるにはコンピュータの力が必要になるが、一度計算すれば設計チャートとして利用できる。なお、この曲線を「無反射曲線」と呼んでいる。図12に実際に計算した無反射曲線の一例を斜入射の場合も含めて示す。ここで、無反射曲線を描く場合、$\dot{\varepsilon}_r$ と d/λ の組み合わせとして、厚みが薄くなる解（d/λ が小さい）から厚みが厚くなる解（d/λ が大きい）まで多くの解が得られる。また、垂直入射の場合について 20dB の吸収量が得られる $\dot{\varepsilon}_r$ の範囲も示す。

　それでは、この設計チャート（無反射曲線）を用いた設計例を示す

〔表3〕無反射条件を満足する d/λ と $\dot{\varepsilon}_r$

d/λ	ε_r'	ε_r''
⋮	⋮	⋮
0.20	1.96	1.52
0.15	3.18	2.07
0.10	6.65	3.15
0.09	8.12	3.50
0.08	10.17	3.95
⋮	⋮	⋮

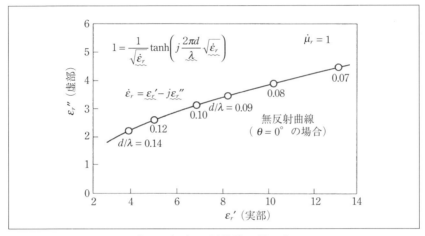

〔図11〕無反射曲線の描き方

ことにする。すなわち、無反射曲線上から一例として $d/\lambda = 0.1$ における $\dot{\varepsilon}_r = 6.65 - j3.15$ を読むことができる。そうすると、吸収したい周波数（設計周波数）を設定すれば、電波吸収体に求められる厚みを決めることができる。一例として、設計周波数を $f = 20\text{GHz}$ とすることにする。この場合、波長 λ は電波の速度を c として、

$$\lambda = \frac{c}{f} = \frac{3.0 \times 10^8 \text{m/s}}{20 \times 10^9 \text{Hz}} = 1.5\text{cm}$$

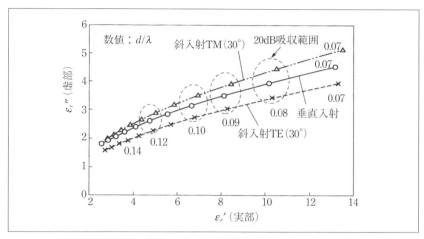

〔図12〕無反射曲線の例

となり、$d/\lambda = 0.1$ より厚み d は、

$$d = 0.1 \times \lambda = 0.1 \times 1.5\text{cm} = 1.5\text{mm}$$

となるから、$\dot{\varepsilon}_r = 6.65 - j3.15$ の材料で $d = 1.5$ mm とすることで理論上、非常に高い吸収量を有する電波吸収体の設計が可能である。

4―3 λ/4 型電波吸収体

図 13 に示すように、金属板から $\lambda/4$ 離れた位置に面抵抗値 R ≒ 376.7（Ω □）の抵抗皮膜、たとえば ITO 膜（酸化インジウムスズの膜）や抵抗布などを配置した吸収体を λ/4 型電波吸収体と呼ぶ。一般に金属板と抵抗皮膜の間（スペーサ）は空気としているが、複素比誘電率が の誘電材料、たとえば PET（ポリエチレンテレフタレート）や AC（アクリル）を用いると、その内部の波長（λ_S）は $\lambda_s = \lambda/\sqrt{\varepsilon_r}$（λ は空間の波長）となるので、厚みを $\lambda/4$ から $\lambda/4\sqrt{\varepsilon_r}$ へと $1/\sqrt{\varepsilon_r}$ 倍だけ薄くすることができる。

この設計は、伝送線路理論を用いて、抵抗皮膜の前面から見込んだ入力インピーダンス（$\dot{Z}_L$）を計算し、これを平面波の波動インピーダ

ンス（Z_0）と等しくおくことにより可能となる。

すなわち、図13（b）において抵抗皮膜のわずか金属板側から、金属板を見込んだ入力インピーダンス $\dot{Z}_L{'}$ は、

$$\dot{Z}_L{'} = \frac{Z_0}{\sqrt{\dot{\varepsilon}_r}} \tanh\left(j\frac{2\pi d}{\lambda}\sqrt{\dot{\varepsilon}_r}\right) \quad \cdots\cdots (8)$$

となる。

このことから、抵抗皮膜も考慮して吸収体前面から見込んだインピーダンス $\dot{Z}_L$ は、$\dot{Z}_L{'}$ と抵抗皮膜の面抵抗値 R の並列接続となるので、

$$\dot{Z}_L = \frac{\dot{Z}_L{'} \cdot R}{\dot{Z}_L{'} + R} \quad \cdots\cdots (9)$$

となる。したがって、反射係数 $\dot{\Gamma}$ は、この $\dot{Z}_L$ を用いて

$$\dot{\Gamma} = \frac{\dot{Z}_L - Z_0}{\dot{Z}_L + Z_0} \quad \cdots\cdots (10)$$

として計算できる。そして、$\dot{\Gamma} = 0$ すなわち、$\dot{Z}_L = \dot{Z}_0$ から導出される

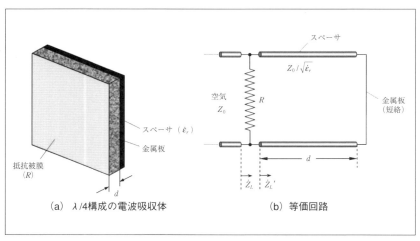

（a）λ/4構成の電波吸収体　　（b）等価回路

〔図13〕λ/4 構成の電波吸収体と等価回路

式を d と R について解くことにより、スペーサの誘電率 $\dot{\varepsilon}_r$ をパラメータとして $\lambda/4$ 型電波吸収体が設計できる。なお、スペーサが空気の場合、この解は $R ≒ 367.6Ω, d = \lambda/4$ となる。

◇抵抗皮膜がリアクタンス成分を有する場合

図14に示すように、抵抗皮膜が面インピーダンス $\dot{Z}_s = R+jX$ を有し、スペーサの複素比誘電率 $\dot{\varepsilon}_r = 1$ の場合、スペーサ前面から金属板を見込んだ入力インピーダンス $\dot{Z}_L$ は、

$$\dot{Z}_L' = \frac{Z_0}{\sqrt{\dot{\varepsilon}_r}} \tanh\left(j\frac{2\pi d}{\lambda}\sqrt{\dot{\varepsilon}_r}\right)$$

となり、$\dot{\varepsilon}_r = 1$ より、

$$\begin{aligned}\dot{Z}_L' &= Z_0 \tanh\left(j\frac{2\pi d}{\lambda}\right) \\ &= jZ_0 \tan\left(\frac{2\pi d}{\lambda}\right) \\ &= jZ_0 \tan(\beta_0 d)\end{aligned} \quad \cdots\cdots\cdots\cdots (11)$$

となる。ここで、$\beta_0 = \dfrac{2\pi}{\lambda}$ である。したがって、吸収体前面から金属板

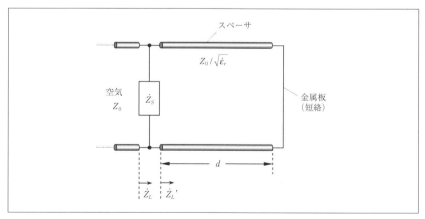

〔図14〕リアクタンス成分を有する場合の等価回路

を見込んだ入力インピーダンス $\dot{Z}_L$ は、

$$\dot{Z}_L = \frac{\dot{Z}_S \cdot \dot{Z}_L'}{\dot{Z}_S + \dot{Z}_L'} \quad \cdots\cdots\cdots\cdots\cdots\cdots\cdots\cdots\cdots\cdots\cdots (12)$$

となり、反射係数 $\dot{\Gamma}$ は、この $\dot{Z}_L$ を用いて、

$$\dot{\Gamma} = \frac{\dot{Z}_L - Z_0}{\dot{Z}_L + Z_0}$$

となるので、$\dot{\Gamma} = 0$ すなわち、$\dot{Z}_L = Z_0$ のとき $\dot{Z}_s$ は、

$$\dot{Z}_S = \frac{\dot{Z}_L' \cdot Z_0}{\dot{Z}_L' - Z_0} \quad \cdots\cdots\cdots\cdots\cdots\cdots\cdots\cdots\cdots\cdots\cdots (13)$$

となる。これらの式を整理すると、以下のように、$\dot{Z}_s$ を導出することできる。

$$\begin{aligned}
\dot{Z}_S &= R + jX \\
&= \frac{jZ_0^2 \tan(\beta_0 d)}{jZ_0 \tan(\beta_0 d) - Z_0} \\
&= \frac{jZ_0 \sin(\beta_0 d)}{j\sin(\beta_0 d) - \cos(\beta_0 d)} \\
&= \frac{Z_0 \sin^2(\beta_0 d) - jZ_0 \sin(\beta_0 d) \cdot \cos(\beta_0 d)}{\sin^2(\beta_0 d) + \cos^2(\beta_0 d)} \quad \cdots\cdots\cdots (14) \\
&= Z_0 \sin^2(\beta_0 d) - jZ_0 \sin(\beta_0 d) \cdot \cos(\beta_0 d) \\
&= Z_0 \sin^2(\beta_0 d) - j\frac{Z_0}{2} \sin(2\beta_0 d) \\
&= Z_0 \sin^2\left(\frac{2\pi d}{\lambda}\right) + j\left(-\frac{Z_0}{2} \sin\frac{4\pi d}{\lambda}\right)
\end{aligned}$$

(14) 式を用いて、ニュートン法で解が収束するように初期値を与えることで、R, X を決定することができ、一例として図15のような

結果を得ることができる。また、図16に横軸に d/λ、縦軸に面インピーダンス(実部・虚部)をとった場合の結果を示す。

これより、d/λ が0.25より小さい場合は、容量性として機能するため、整合するスペーサが $\lambda/4$ より薄くなり、d/λ が0.25より大きい場

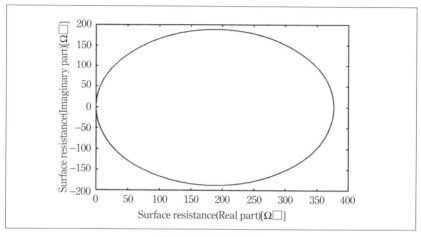

〔図15〕無反射曲線

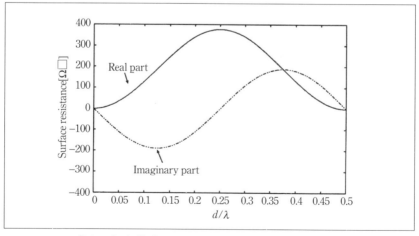

〔図16〕規格化した面インピーダンスの整合条件

合は、誘導性として機能するため、整合するスペーサが$\lambda/4$より厚くなることがわかる。

5. おわりに

　以上、電波吸収体の設計方法を中心に、その基礎事項に重点をおき、解説した。このような設計方法を基に実現した電波吸収体の例や、設計に必要な材料定数の測定法など、紙面には紹介しきれない内容も多く、これらの詳しい内容については、参考文献に示した。

　今後、さらなる電波利用の拡大に伴いミリ波、テラヘルツ領域における電波吸収体技術、さらに機器内部の相互干渉対策として近傍吸収技術など、各分野への応用は多様化していくものと考えられる。本稿が、この分野の研究者・技術者に対して有効な資料となることを期待する。

●参考文献
1) 清水康敬監修:「電磁波の吸収と遮断」, 日経技術図書, 1989年
2) 橋本修:「電波吸収体入門」, 森北出版, 1997年
3) 橋本修他:「新しい電波工学」, 培風館, 1998年
4) 橋本修:「新電波吸収体の最新技術と応用」, シーエムシー, 1999年
5) 橋本修:「電気電子工学のための数値計算法入門−例題で学ぼう−」, 総合電子出版社, 1999年
6) 橋本修:「電波吸収体のはなし」, 日刊工業新聞社, 2001年
7) 橋本修:「高周波領域における材料定数測定法」, 森北出版, 2003年
8) 橋本修:「電波吸収体の技術と応用」, シーエムシー, 2003年
9) 橋本修:「次世代電波吸収体の技術と応用展開」, シーエムシー, 2003年
10) 橋本修監修:「建築における電波吸収体とその応用」, 社団法人 日本建築学会編, 2007年
11) 橋本修:「電波吸収体の技術と応用II」, シーエムシー, 2008年

ptionally

第10章 フィルタ
フィルタの動作原理と使用方法

<（株）村田製作所　山本　秀俊>

1. はじめに

　電磁波ノイズの問題には、電子機器がノイズの被害を受ける側面（イミュニティ）と、電子機器からノイズが放出されて他の電子機器に被害を与える側面（エミッション）の2つの面があります。いずれの場合も、ノイズは図1に示すように空間伝導もしくは導体伝導として伝わりますので、この伝導経路でノイズを上手に除去できれば、電磁波ノイズの問題は解消することになります[1,2]。

　図2に示すように、一般に空間伝導に対してはシールドが、導体伝導に対してはフィルタが使われます。この空間伝導と導体伝導は配線などをアンテナとして相互に変換されますので、ノイズを完全に除去したいときは、フィルタはできるだけシールド面の近くで使います。別の場所で、たとえば図3のようにフィルタを先に、シールドを後に用いると、空間伝導で漏れた成分がフィルタとシールドの間の配線をアンテナとして導体にもぐりこみ、シールドをくぐり抜けるため、完全なノイズ除去ができないことがあるためです。ただし、空間伝導が少ない場合には、フィルタだけでノイズ対策ができる場合もあります。

　このように伝導経路でノイズを除去する手段にはフィルタとシール

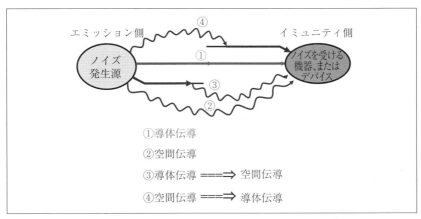

〔図1〕ノイズ障害の発生原理

●第10章 フィルタの動作原理と使用方法

ドがあります.ここではこの中のフィルタの概要を紹介します.

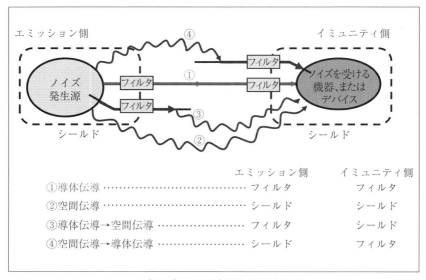

〔図2〕ノイズ対策の基本

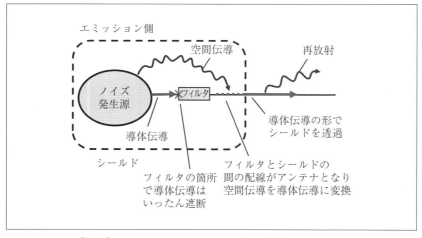

〔図3〕フィルタとシールドを別の場所で使うと?

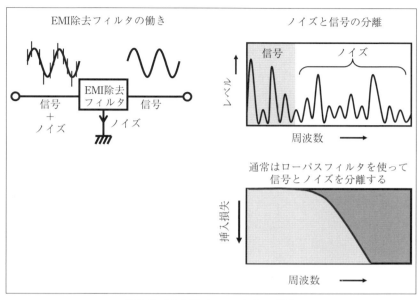

〔図4〕EMI除去フィルタの働き

2. EMI除去フィルタの構成

　ノイズ対策に使われるフィルタはEMI除去フィルタと呼ばれ、通常は図4に示すようにローパスフィルタが使われます[2,3]。EMI除去フィルタはノイズを除去するだけではなく、本来の回路の動作を損なうことがないよう、回路に必要な成分を透過させる必要があります。この必要な成分とノイズを選り分けるために、EMI除去フィルタには通常、ローパスフィルタが使われます。これは、回路動作には比較的低周波の成分が使われているのに対し、ノイズは高周波に分布していることに由来しています。

　なお、回路に必要な成分とノイズの周波数が重なっている場合には、ローパスフィルタでは対処できません。この場合には周波数で選り分けるのではなく、4項で紹介するコモンモードチョークコイルのように、伝搬モードなど周波数以外の切り口で選り分けるフィルタが使われま

2—1　挿入損失特性

EMI除去フィルタがノイズを除去する性能は、挿入損失特性で表わされています。これは図5に示すように、フィルタを入れる前のノイズの電圧と、フィルタを入れた後のノイズの電圧を測り、その比をdBで表わしたものです[1,2]。この測定は通常、インピーダンスが50Ωの回路系で測定されますので、ネットワークアナライザで測定されるSパラメータで代用できます（透過係数S21の振幅の絶対値が挿入損失になります）。

たとえば挿入損失が20dBのときノイズの電圧は1/10に、40dBのとき1/100になります。一般的なノイズ対策では目安として20dB以上の挿入損失があるフィルタを選びます。また、回路の動作に必要な周波数では、挿入損失が3dB（このとき電圧は−30%になります）以下であるフィルタを選びます。

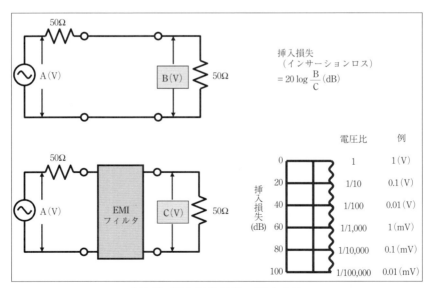

〔図5〕挿入損失特性の測定方法

2—2　コンデンサ、コイルによるEMI除去フィルタの一般特性

ローパスフィルタを作るには、通常、コンデンサとコイル（インダクタ）を使います。図6にこのときの接続方法を示します[2,3]。コンデンサはノイズの電流をグラウンドにバイパスする方向に、コイルはノイズの電流に直列になるように接続します。コンデンサのインピーダンスは周波数に反比例するので高周波では小さくなり、コイルのインピーダンスは周波数に比例するので高周波では大きくなるため、このように接続することでノイズの原因となる高周波を除去します。

コンデンサやコイルの挿入損失は、図6にグラフを示したように、部品の定数（静電容量やインダクタンス）と周波数に比例して大きくなります。周波数が10倍になると挿入損失も10倍（+20dB）になりますので、周波数特性のグラフでは20dB/dec.の傾きを示します。

なお、このように挿入損失が20dB/dec.の傾きとなるのはフィルタの減衰域（挿入損失が発生している部分）での特性で、低周波では（当然ながら）挿入損失はごくわずかです。挿入損失が現れ始める周波数はカットオフ周波数（f_c）と呼ばれ、通常は挿入損失が3dBとなる周波数で表わします。

このカットオフ周波数は、コンデンサやコイルの定数と、フィルタが使われる回路のインピーダンスとの関係で変わります。大まかな目安としては、コンデンサのインピーダンスが回路のインピーダンスの半分に、コイルのインピーダンスが回路のインピーダンスの2倍になる周波数がカットオフ周波数になります。回路で必要な周波数よりもカットオフ周波数が高くなるように、コンデンサやコイルの定数は選ぶ必要があります。

2—3　コンデンサとコイルを組み合わせたLCフィルタ

コンデンサやコイルを単独で使うときは、挿入損失の周波数特性は20dB/dec.の傾きとなるのですが、図7に示すようにコンデンサとコイルを1つずつ組み合わせたL型フィルタではこの傾きが40dB/

●第10章 フィルタの動作原理と使用方法

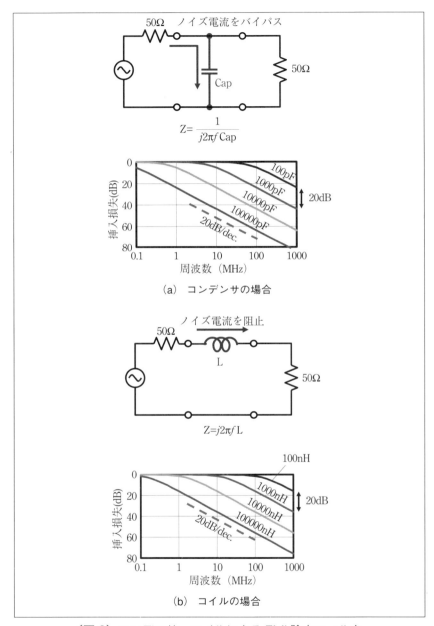

〔図6〕コンデンサ、コイルによるEMI除去フィルタ

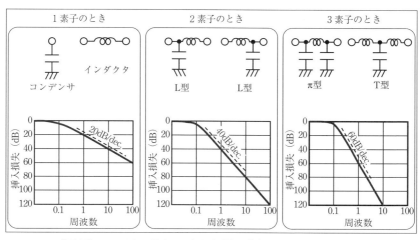

〔図7〕コンデンサとコイルを組み合わせたLCフィルタ

dec.、3つの部品を組み合わせたT型やπ型のフィルタでは60dB/dec.の傾きが得られます[1,2]。このように周波数特性が急峻になると、カットオフ周波数を変えずに減衰域の挿入損失を大きくすることができますので、回路で必要な周波数とノイズの周波数が接近している場合に役立ちます。また、減衰域の挿入損失が大きくなりますので、非常に大きくノイズを除去する必要がある場合にも有効です。

2—4 コンデンサやコイルの高周波での振る舞い

コンデンサやコイルを使ったフィルタの基本特性は2—2項に示したとおりなのですが、一般に数MHz以上の高周波では、周波数に単純に比例する特性ではなくなります。これは以下に述べるようにコンデンサやコイルに含まれる微小な寄生成分が無視できなくなるためです。通常、ノイズは数MHz以上の高周波を含みますので、EMI除去フィルタに使うコンデンサやコイルでは、この寄生成分の影響を考慮する必要があります。

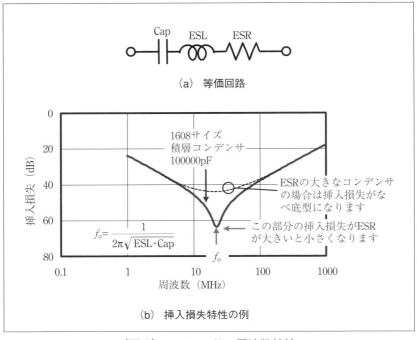

〔図8〕コンデンサの周波数特性

2—4—1　コンデンサの周波数特性

　図8に示すように、高周波ではコンデンサの等価回路にESL（等価直列インダクタンス）とESR（等価直列抵抗）を考慮する必要があります[3,4]（場合によってはESRを省略する場合もあります）。

　ESLはコンデンサの電極やリードに起因するインダクタンス成分で、コンデンサの種類や形状によって異なりますが、ESLが小さいとされる積層セラミックコンデンサでも0.4〜1nH程度の値をもちます。ESLの影響により、図8に示すようにコンデンサの挿入損失はある周波数で極大となり、それ以上の周波数では徐々に小さくなります。この周波数は自己共振周波数（f_0）と呼ばれ、コンデンサを単純な静電容量素子として扱える周波数の上限の目安となります。

自己共振周波数は、コンデンサの静電容量とESLの直列共振ですので、ESLが小さいほど高くなります。また、自己共振数を超える周波数では、ESLが小さいほど挿入損失が大きくなります。

　一方、自己共振周波数でコンデンサのインピーダンスは極小（挿入損失は極大）となるのですが、このときのインピーダンスにESRが現れています。ESRは電極や誘電体の損失により現れる抵抗成分で、こちらもコンデンサの種類によって異なります。ESRの比較的小さい積層セラミックコンデンサでは数mΩ程度、比較的大きな電解コンデンサですと数Ω程度となる場合もあります。ESRの比較的大きなコンデンサでは自己共振周波数で明確なピークが現れずに、なべ底型の周波数特性曲線となる場合もあります。

　したがって、数MHz以上の周波数で挿入損失の大きなEMI除去フィルタを作るには、ESL、ESRの小さいコンデンサを使う方が有利といえます。

2—4—2　コイルの周波数特性

　コイルでは、図9に示すように、EPC（等価並列静電容量）を考慮します[4]（場合によってはEPR：等価並列抵抗やESR：等価直列抵抗を考慮する場合もあります）。EPCはコイルを形成する巻き線や入出力の電極などにより作られる静電容量で、コイルに並列に形成されます。コンデンサと同様にコイルでも、コイルのインダクタンスとEPCの間で並列共振が発生し、この周波数で挿入損失は極大となりますが、それ以上の周波数では徐々に小さくなります。この周波数も、自己共振周波数と呼ばれます。

　EPCはコイルの種類や形状によって異なりますが、1pF以下のわずかな値であっても1GHz程度の高周波になると、コイルのインピーダンスを下げ、挿入損失を小さくすることがあります。高周波で性能のよいEMI除去フィルタを作るには、EPCの小さいコイルを使うほうが有利といえます。

●第10章 フィルタの動作原理と使用方法

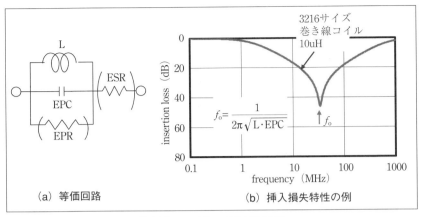

〔図9〕コイルの周波数特性

3. EMI除去フィルタ

　汎用のコンデンサやコイルでもローパスフィルタを形成することでEMI除去フィルタとして使うことはできるのですが、2章で述べたように寄生成分の影響で高周波ではノイズ除去効果が小さくなる傾向があります。また、他の回路と共振し、うまくノイズが除去できなかったり、思わぬ周波数でノイズが増えたりすることもあります。一方、高周波の信号を使う回路では、ローパスフィルタが使えない場合があります。

　これらの問題に対処するために、通常のコンデンサやコイルよりもノイズ除去効果を高めた各種のEMI除去フィルタが商品化されています。代表的なものを以下に紹介します。

3—1　3端子コンデンサ

　ESLが小さくて高周波でも有効に機能するコンデンサとして、3端子（もしくは貫通）コンデンサが使われています。これは図10に例を示すように通常のコンデンサの電極の片方を二手に分けて部品内部を貫通するように配置したコンデンサで、2手に分けた一方を入力、他

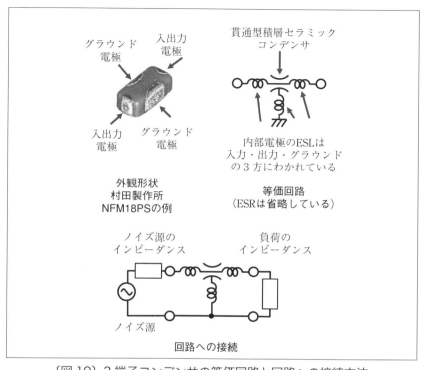

〔図 10〕3 端子コンデンサの等価回路と回路への接続方法

方を出力とすることで、ノイズの通る経路を部品内部に引き込むことができるようにしたコンデンサです[3]。もう片方の電極はグラウンドに接続し、ノイズをバイパスさせます。

こうすることにより、ノイズの経路からコンデンサ素子に至る部分のインダクタンスをノイズのバイパス方向から外すことができます。また、コンデンサ素子からグラウンドに接続する部分のインダクタンスが極小になるように部品構造が工夫されていますので、通常のコンデンサに比べるとノイズをバイパスさせる方向の ESL が 1/10 以下になり、挿入損失では 100MHz 以上の周波数で 20dB 以上（場合によっては 30dB 以上）効果を高めることができます。図 11 に挿入損失特性を比較した例を示します[2, 4]。

● 第10章 フィルタの動作原理と使用方法

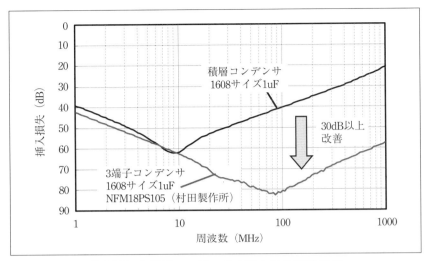

〔図11〕3端子コンデンサの挿入損失特性の例

3—2 フェライトビーズ

　デジタル信号などのノイズ対策に通常のコイルを使用すると、パルス波形に大きなリンギングが現れて回路がうまく動作しないときがあります。これはコイルが周辺の回路と共振しているためで、場合によってはノイズが増えてしまうこともあります。このような不具合を防ぐにはコイルのQを下げる必要があります。また、通常のコイルは2項で述べたように高周波でノイズ除去効果が小さくなる傾向があります。

　このような不具合の少ないノイズ対策用のインピーダンス素子としてフェライトビーズが使われています。フェライトビーズは図12に示すように円筒型フェライトにリードを貫通させた基本構造をもっており、フェライトの透磁率によりリードにインピーダンスを発生させるものです[2,3,5]。フェライトの特性によりインピーダンスに周波数特性が現れ、ノイズが問題となる数MHz以上の周波数ではインピーダンスのほとんどが抵抗成分となるように作られています。この抵抗成分

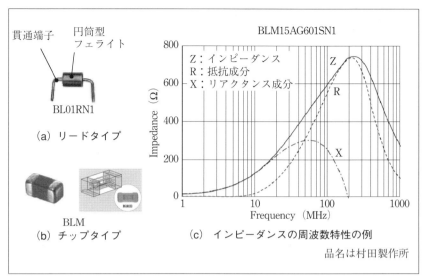

〔図12〕フェライトビーズとインピーダンスの周波数特性の例

の働きによってノイズのエネルギーを吸収し、また、デジタルパルスに起きるリンギングのダンピング抵抗としても働きます。

近年は図12に示すように積層技術を使ったチップタイプが主流となっています。これらの場合は部品内部にスパイラル状に内部電極を形成することによりインピーダンスをより大きくし、ノイズ除去効果を高めたものもあります。

フェライトビーズは磁性を使った部品ですのでコイルの一種ということができますが、インダクタンスではなく、100MHzでのインピーダンスによって品種のバリエーションが作られています。これはノイズ除去性能が適切に把握できるための配慮で、カタログにはインピーダンスの周波数特性が記載されています。この周波数特性から、回路で使う周波数ではインピーダンスが小さく、また、ノイズの周波数でインピーダンスの大きな品種を選びます。回路に応じて最適な特性が選べるように、各種の周波数特性が用意されています。図13に一例を示します[2]。

● 第10章 フィルタの動作原理と使用方法

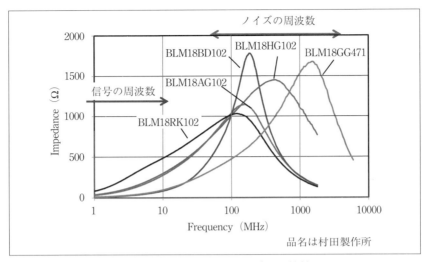

〔図13〕各種のインピーダンス特性

3—3 LC複合EMI除去フィルタ

2項で紹介したように、コンデンサとコイルを組み合わせると周波数特性の傾きを急峻にし、また減衰域の挿入損失を大きくすることができます。そこであらかじめコンデンサとコイルを一体にしてノイズ除去性能を高めたEMI除去フィルタが提供されています。

フィルタの構成は、2項で紹介したπ型やT型のほかに、用途によってはより高度な構成も採用されています。また、1つの部品に複数のフィルタを内蔵した多連フィルタも提供されています。

これらのフィルタでは内蔵するコンデンサに3—1項で紹介した3端子コンデンサを使ったり、インダクタに3—2項で紹介したフェライトビーズを使ったりすることでノイズ除去効果を高めた製品もあります。図14に一例を示します[5]。

LC複合EMI除去フィルタは、3端子コンデンサやフェライトビーズに比べて周波数特性が急峻でノイズ除去効果が優れていますので、信号品位が求められ、かつノイズ発生量の多いクロック信号などに適

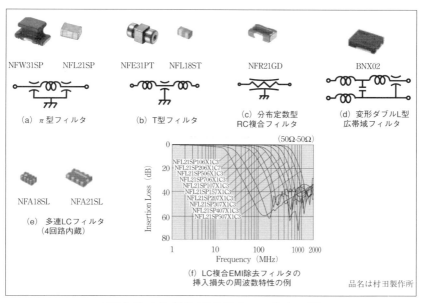

〔図14〕LC複合EMI除去フィルタの例

していると言えます。図15に16MHzのクロック信号のノイズ除去を行った例を示します。100MHz以上の周波数で顕著なノイズ除去効果があり、最大で30dB程度、ノイズの放射が抑制されています[2, 6]。

3—4　コモンモードチョークコイル

通常、EMI除去フィルタは1項で述べたようにローパスフィルタで形成しますので、USBやHDMIなどで使われる高速差動信号には、信号波形が損なわれるため使うことができません。また、電源などの電流が大きな回路では、通常のコイルでは磁芯の飽和を防ぐために非常に大きく重たくなる場合があります。このような場合に適用できる部品として、コモンモードチョークコイルがあります。

一般に回路で使われる電流は、図16 (a) に示すように信号源と負荷の間を往復して流れています[2, 3]。これをディファレンシャルモード（または、ノーマルモード）と呼びます。このモードでノイズが流

●第10章 フィルタの動作原理と使用方法

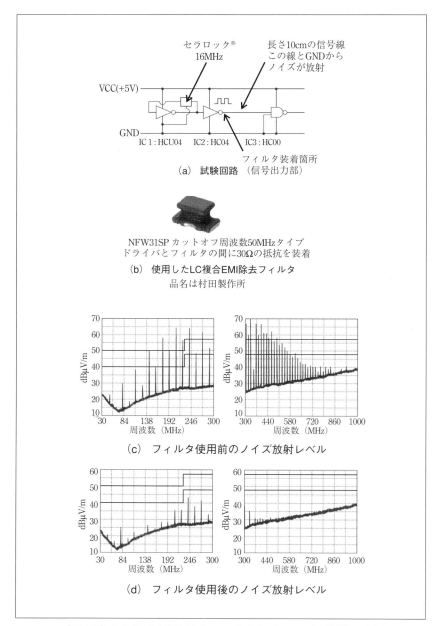

〔図15〕LC 複合 EMI 除去フィルタによるノイズ対策の例

れるときは、配線に流れる電流の向きが逆方向ですので、それぞれの電流からの放射は相殺され、小さくなる傾向があります。

これに対して、図16（b）に示すように、信号源と負荷をつなぐ配線に同一方向に流れる成分があり、コモンモードと呼ばれます。この電流の帰路としては、たとえば図16（b）のように信号源や負荷から大地に対して発生している静電容量を考えることができます。

このコモンモードは通常は回路の動作に使われないのですが、ノイズの電流が流れると、それぞれの電流の放射が足しあわされるため強い放射が発生します。したがって、ノイズの放射を抑えるには、コモンモードを中心に対処すればよいことになります。

コモンモードチョークコイルはこのような考えのもとに使われる部品です。コモンモードチョークコイルは図17に示すように一つの磁芯に2つのコイルを巻いた構造になっています[1, 2]。2つのコイルに逆

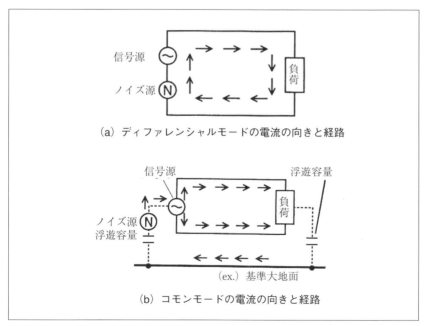

（a）ディファレンシャルモードの電流の向きと経路

（b）コモンモードの電流の向きと経路

〔図16〕コモンモードとディファレンシャルモード

● 第10章 フィルタの動作原理と使用方法

方向に電流が流れるときは、双方のコイルで作る磁界が相殺されインダクタンスが発生しないのに対し、同方向に電流が流れるときは双方のコイルの磁界が足しあわされるためインダクタンスが発生します。したがって、コモンモードの電流にだけインダクタンスが発生する部品となっています。

　高速差動信号のようにローパスフィルタが使えない場合でも、コモンモードチョークコイルであれば信号波形に影響することなく、ノイズ放射の原因となるコモンモードを除去することができます。図18にUSB2.0にコモンモードチョークコイルを適用した例を示します[7]。

　また、電源回路に使う場合は、電源電流が往復で流れる場合は磁芯の磁気飽和の心配がないため、比較的小型で大きなインダクタンスの部品を作ることができます。電源用フィルタでは、ディファレンシャルモードのノイズも除去する必要がありますので、コンデンサと組み合わせてコモンモード、ディファレンシャルモードの双方に有効なフィルタを作ります。図19にAC電源用フィルタの構成の例を示します[3]。

　このほかにも、1つの部品でコモンモードとディファレンシャルモードの双方に効果のあるように設計された音声信号用のコモンモードチョークコイルなどもあります。図20に各種のコモンモードチョーク

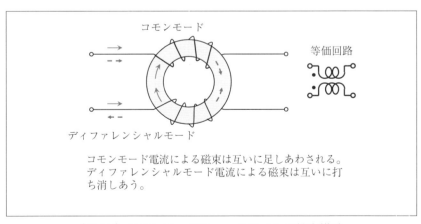

コモンモード電流による磁束は互いに足しあわされる。
ディファレンシャルモード電流による磁束は互いに打ち消しあう。

〔図17〕コモンモードチョークコイルの基本構造

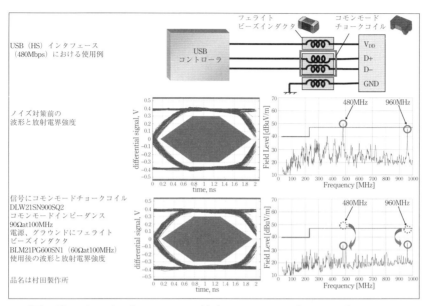

〔図18〕USBインタフェースに対するコモンモードチョークコイルの適用例

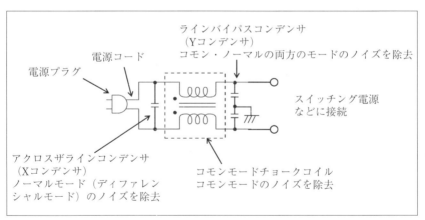

〔図19〕AC電源用フィルタの構成の例

●第10章 フィルタの動作原理と使用方法

〔図20〕コモンモードチョークコイルの例

コイルの例を示します。

4. フィルタを上手に使おう

EMI除去フィルタは使用方法によっては期待した性能が現れない場合があります。その原因はフィルタの性能が足りないためではなく、使用方法が適切でない可能性があります。以下にその例を示します。EMI除去フィルタを使うときは、このような条件とならないように留意します。

4—1 グラウンドへの接続が適切でない場合

コンデンサを使ったEMI除去フィルタはグラウンドにノイズの電流をバイパスし、除去します。したがって接続するグラウンドの良しあしにより、フィルタの効果は大きく左右されます。グラウンドに接続する配線のインピーダンスが高い場合（たとえば配線が細い、長いなどでインダクタンスが大きいとき）、あるいはグラウンド自身にノイズが現れているとき（このようなノイズもコモンモードノイズと呼ばれます）は、コンデンサが十分に機能しません。

EMI除去フィルタは、図21に示すように安定した（コモンモードノイズが現れていない）グラウンドに低インピーダンスで取り付ける必要があります。

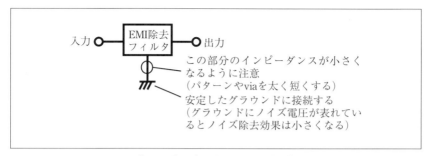

〔図21〕グラウンドへの接続

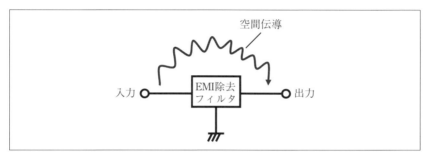

〔図22〕入力・出力の結合

4—2　装着箇所が適切でない場合

　EMI除去フィルタをノイズの伝搬経路の中間点で使う場合には、図22のようにフィルタの前後の配線の間でノイズが結合する場合があります。このようにEMI除去フィルタを飛び越えてノイズが伝導する(空間伝導の) 経路があると、EMI除去フィルタが効いているように見えなくなります。このような不具合を防ぐために、フィルタの入力線と出力線はできるだけ離して配置します。また、空間伝導による結合を少なくするには、以下のような取り付け箇所が適しています (図23)。

　①ノイズ源のすぐ近く
　②シールド面の近く
　③ノイズを放射するアンテナの根元 (ケーブルのコネクタなど)

● 第10章 フィルタの動作原理と使用方法

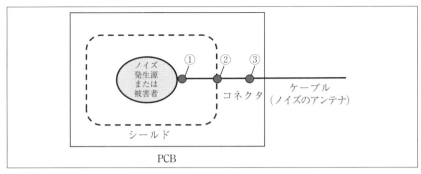

〔図23〕EMI除去フィルタの装着箇所

　なお、基板全体がシールドされているときは、②と③は同一箇所となります。

4—3　フィルタ装着箇所よりも他の箇所のノイズが強い場合

　EMI除去フィルタを取り付けた箇所とは別のノイズの伝搬経路があると、EMI除去フィルタが十分効いたとしても、他の経路のノイズに隠れてしまい、EMI除去フィルタの効果が少ないように見える場合があります。

　しかしながら、ノイズ対策においてあらかじめノイズの経路をすべて把握することは非常に困難です。したがって、考えられるノイズの経路のすべてに EMI除去フィルタを使ってノイズ対策を完了した後で、EMI除去フィルタを順番に外していき、不要な部分を確認することをお勧めします。

5. フィルタを上手に選ぼう

　EMI除去フィルタの多くはローパスフィルタとして働いていますので、図24に例を示すように回路の動作に必要な周波数では挿入損失が小さく、ノイズの周波数で挿入損失の大きなEMI除去フィルタを選びます[2]。フィルタの特性は挿入損失やインピーダンスの周波数特性

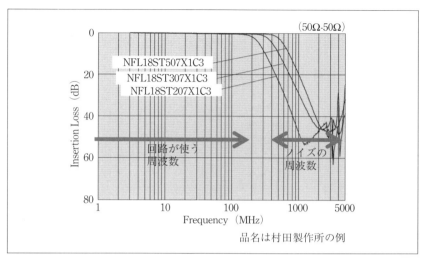

〔図24〕挿入損失特性からフィルタを選ぶ

としてカタログに記載されていますので、基本的にはこれらを参考にします。しかしながら、カタログに記載の挿入損失特性は50Ωの回路系で測定したものですので、部品が使われる回路とは違っている場合があります。このような場合の選び方を紹介します。

5—1 ノイズ除去効果の観点でフィルタを選ぶ

一般にフィルタの特性は、使われる回路のインピーダンスによって変化しますので、これを考慮した選定をするとノイズ除去効果が大きい使い方が可能です。一般にコンデンサは高インピーダンスの回路で、インダクタは低インピーダンスの回路で、大きな挿入損失を発生します。そこでEMI除去フィルタを取り付ける回路のインピーダンスに応じて図25に示すようなフィルタの構成を行うと、効果的にノイズ除去が行えます[1, 2]。

5—2 信号品位の観点でフィルタを選ぶ

その一方で、EMI除去フィルタをとりつける回路のインピーダンス

● 第10章 フィルタの動作原理と使用方法

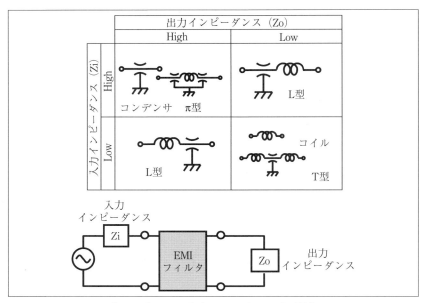

〔図25〕EMI除去フィルタの選択基準

を把握することは、一般には容易ではありません。また、ノイズ除去だけに注目するときは図25の指針で良いのですが、回路で使う周波数を透過させる観点でみると、挿入損失が大きい方が良いとは一概には言えない場合があります。

　たとえばデジタル信号を数cm以上引き回すときは、配線が伝送線路として振る舞うため、回路のインピーダンスは周波数により大きく変わって見えます。また、この変化は配線の長さや特性インピーダンスによっても変わってきます。一方、デジタル信号では、ノイズ除去だけではなく、パルス波形を適切に維持する必要があります。そこで、フィルタの周波数特性の変化を適切に把握することが重要となります。

　このようなときのノイズ除去効果やパルス波形の推定には一般には回路シミュレータが有効です。信号線の構造や、使われるICの特性を考慮した計算が可能ですが、回路のモデル化や計算には多大な労力が必要となります。そこで、対象の回路をある程度単純化して、デジ

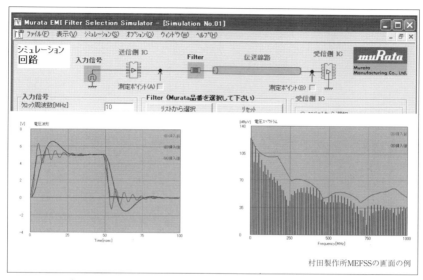

〔図26〕信号品位を確認できる簡易シミュレータの例

タルパルスの波形やノイズの除去効果を簡易に推定するシミュレータが、一部の部品メーカーから無償で提供されています[8]。

図26にその起動画面と計算結果の例を示します[2]。ICの種類、配線の条件、信号の周波数、EMI除去フィルタの品種を設定するだけで計算が行えますので、部品の一次候補を選ぶ際に有効な手段となります（正確な計算ができるわけではありませんので、最終的には実際の回路で波形を確認し、調整するする必要があります）。

5—3 電源品位の観点でフィルタを選ぶ

一般に電源は大きな電流が流れることから、通常は比較的低インピーダンスであり、ノイズ除去の観点では図25に示したようにコンデンサよりもコイルやフェライトビーズが有利であるといえます。このとき、インダクタンスやインピーダンスが大きい方がノイズ除去効果は高くなります。

しかしながら、電源品位の観点からは電源インピーダンスは低いほ

● 第10章 フィルタの動作原理と使用方法

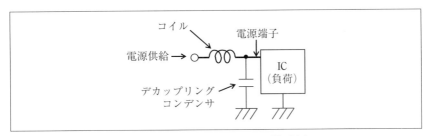

〔図27〕電源用フィルタの構成例

うが良いため、コイルによるインピーダンスの増大に留意する必要があります。そこで通常は、コンデンサだけでノイズを除去するか、コイルを使う場合は図27に示すように電源の負荷側にデカップリングコンデンサを併用して、コイルやフェライトビーズによるインピーダンスの増大を補います。

　コイルやフェライトビーズのもう一つの留意点は直流抵抗です。電流の大きな回路では直流抵抗による電圧降下が問題となることがありますので、直流抵抗の小さな（低格電流の大きい）部品を選びます。

6. まとめ

　ここではノイズ対策に使われるEMI除去フィルタについて、その動作原理と代表的な品種、使用方法の概要を紹介してきました。EMI除去フィルタは部品メーカー各社から特色のある様々な部品が提供されていますので、詳しくはカタログなどをご参照いただきたいと思います。本稿が電子機器を設計いただくみなさまのお役に立てれば幸いです。

● 参考文献

1) 「エミフィル®によるノイズ対策応用の手引き」, 村田製作所技術資料, 1986年
2) 山本秀俊:「EMC対策部品の選び方」, 第16回EMC環境フォーラム セミナーテキスト, 2010年
3) 「エミフィル®によるノイズ対策応用の手引きI 改訂版」, 村田製作所技術資料, TE04JA-1, 1997年
4) 「デジタルICの電源ノイズ対策・デカップリング Application Manual」, 村田製作所カタログ, No.C39, 2010年
5) 「SMD/ブロックタイプEMI除去フィルタ(エミフィル®)」, 村田製作所カタログ, No.C31-23, 2009年
6) 「エミフィル®によるノイズ対策デジタル機器編」, 村田製作所カタログ, No.C33, 2004年
7) 山本秀俊:「高速差動伝送インタフェースのノイズ対策」, TECHNO FRONTIER EMC・ノイズ対策技術シンポジウム, 2003年
8) 例えば http://www.murata.co.jp/products/design_support/mefss/index.html

エミフィル®、セラロック®は株式会社 村田製作所の登録商標です。

第11章　伝導ノイズ
電源高調波と電圧サージ

<オリジン電気（株）　大島　正明>

1. はじめに

近年における電気電子技術の急激な発展の結果、電磁ノイズに関わる様々な現象がクローズアップされるようになってきた。電磁ノイズは、JIS（JIS C 0161：1997 EMCに関するIEV用語[1]）によって、次のように定義されている。

◇電磁ノイズ：時間的に変化する電磁的現象の一種で、明らかに情報を伝えず、かつ、希望信号に重畳又は結合する可能性があるもの

電磁ノイズは、IEC用語 "electromagnetic noise" の邦訳[注1]である。電磁ノイズには様々な種類があるが、IECではそれらを図1のように区分している。まず、導体を伝わる伝導ノイズと空間を電磁波として伝わる放射ノイズとに大別し、それぞれを低周波ノイズと高周波ノイズとに細分している。低周波と高周波との境は、いずれの場合も9 kHzである。伝導ノイズに対するEMC規制の上限周波数は通常、高周波の場合も30 MHzまでとなっている。

本稿が対象とする電源高調波と電圧サージとは共に伝導ノイズであり、前者は低周波ノイズ、後者は高周波ノイズに属する。以降では、これら2つのノイズについて、それらの理論的特性、発生原因、ノイズ・障害事例、障害防止対策等を解説する。

2. 電源高調波

2—1 電源高調波とは

高調波（harmonic）は一般に、周期的に変化する、任意の量（時

注1) JISでは、electromagnetic noiseを「電磁雑音」と翻訳しているが、雑音は聴覚上のノイズと混同の恐れがあるため、本稿では、電磁ノイズ、あるは単にノイズとした。

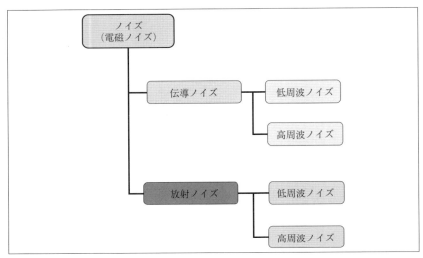

〔図1〕ノイズの分類

間関数）に対して考えることができる物理概念であり、JIS C 0161 は、以下のように定義している。

◇**高調波**：周期的変動量のフーリエ級数における一次を超える次数の成分

　周期的でなく、ランダムに変化する量に対してはフーリエ級数展開をすることができないので、高調波を考えることは原理上、できない。逆に、周期的に変化する量であれば、どんなものに対しても高調波を考えることができるので、電源のような 50 Hz または 60 Hz で変化する低周波から、ギガヘルツ帯域のデジタル信号に至るまで、対象となる量が扱う周波数は、広範囲である。

　フーリエ級数展開を行うには基本周波数を事前に決定する必要がある。通常、対象とする時間関数の周期の逆数を基本周波数と定める。したがって、電源高調波の場合には 50 Hz または 60 Hz を用いることがほとんどである。

　電源高調波には、電圧高調波（voltage harmonic）と電流高調波（current harmonic）とがある。機器に対する物理的影響は異なるが、

両者の数学的処理は同様である。

電源電圧または電源電流を周期 T［s］(T=20 ms あるいは 16.17 ms）の時間関数 $F(t)$ で表すと、フーリエ級数定理によって $F(t)$ は、三角関数を用いた次の無限級数と等しくなる。

$$F(t) = A_0 + \sum_{n=1}^{\infty} \left\{ A_n \cdot \cos\left(\frac{2n\pi}{T}t\right) + B_n \cdot \sin\left(\frac{2n\pi}{T}t\right) \right\} \quad \cdots\cdots (1)$$

ここで、級数 $\{A_n\}$、$\{B_n\}$ は、下式から求まる。

$$A_0 = \frac{1}{T}\int_0^T F(t)\,dt$$
$$A_n = \frac{2}{T}\int_0^T F(t)\cdot\cos\left(\frac{2n\pi}{T}t\right)dt \quad (n \geq 1) \quad \cdots\cdots\cdots\cdots (2)$$
$$B_n = \frac{2}{T}\int_0^T F(t)\cdot\sin\left(\frac{2n\pi}{T}t\right)dt \quad (n \geq 1)$$

A_0 は、$F(t)$ の直流成分である。
n = 1 に対応する式（1）の部分、

$$A_1 \cdot \cos\left(\frac{2\pi}{T}t\right) + B_1 \cdot \sin\left(\frac{2\pi}{T}t\right) \quad \cdots\cdots\cdots\cdots (3)$$

を $F(t)$ の基本波（fundamental）と呼ぶ。また、2 以上となる n に対して、

$$A_n \cdot \cos\left(\frac{2n\pi}{T}t\right) + B_n \cdot \sin\left(\frac{2n\pi}{T}t\right) \quad \cdots\cdots\cdots\cdots (4)$$

は、定義に従って $F(t)$ の高調波に該当する。n を高調波次数(harmonic order) と呼び、式（4）を $F(t)$ の n 次高調波（nth harmonic）または n 次調波（同）と呼ぶ。式（1）は、周期 T の任意の関数が直流成分、基本波成分、および高調波成分の和によって表されることを示している。

基本波および高調波に対して、次式で決まる値 C_n を考えることができる。

$$C_n \equiv \sqrt{A_n^2 + B_n^2} \quad (n \geq 1) \quad \cdots\cdots\cdots\cdots\cdots\cdots\cdots\cdots\cdots\cdots (5)$$

C_1 を基本波成分（fundamental component）、2以上のnに対する C_n をn次高調波成分（nth harmonic component）と呼ぶ。この C_n に対して、$C_n/\sqrt{2}$ を基本波成分実効値、あるいはn次高調波成分実効値と呼ぶ。

次の値は、$F(t)$ の実効値に等しくなる。

$$\sqrt{A_0^2 + \sum_{n=1}^{\infty} \frac{C_n^2}{2}} \quad \cdots\cdots\cdots\cdots\cdots\cdots\cdots\cdots\cdots\cdots (6)$$

式（2）から以下のことがわかる。
(1) 直流成分 A_0 は、$F(t)$ の1周期平均値である。したがって、$F(t)$ が正負対称ならば、直流成分 A_0 はゼロである。
(2) $F(t)$ が奇関数（$F(-t) = -F(t)$ を充たす関数）ならば、直流成分を含めて A_n はゼロである。$F(t)$ は正弦関数の級数となる。逆に、直流成分を含めて A_n がゼロならば、$F(t)$ は奇関数であると言える。
(3) $F(t)$ が偶関数（$F(-t) = F(t)$ を充たす関数）ならば、B_n はゼロである。$F(t)$ は、余弦関数の級数に直流成分を加えたものになる。逆に、B_n がゼロならば、$F(t)$ は偶関数であると言える。

式（1）は、次のように変形できる。

$$\begin{aligned}
F(t) &= A_0 + \sum_{n=1}^{\infty} \left\{ A_n \cdot \cos\left(\frac{2n\pi}{T}t\right) + B_n \cdot \sin\left(\frac{2n\pi}{T}t\right) \right\} \\
&= A_0 + \sum_{n=1}^{\infty} \left\{ \sqrt{A_n^2 + B_n^2} \cdot \sin\left(\frac{2n\pi}{T}t + \theta_n\right) \right\} \quad \cdots\cdots (7) \\
&= A_0 + \sum_{n=1}^{\infty} C_n \cdot \sin\left(\frac{2n\pi}{T}t + \theta_n\right)
\end{aligned}$$

ここで、θ_n は基本波成分（n=1）あるいは n 次高調波成分（n ≧ 2）の位相角であり、A_n と B_n とから下式で求まる。

$$\theta_n = \arctan\left(\frac{A_n}{B_n}\right) \quad \cdots\cdots\cdots\cdots\cdots\cdots\cdots\cdots\cdots (8)$$

高調波の位相角は、基本波位相角を基準として表現することが多い。n 次高調波の基本波に対する位相差は、下式を充たす。

$$\theta_n - \theta_1 = \arctan\left(\frac{A_n B_1 - B_n A_1}{A_n A_1 + B_n B_1}\right) \quad \cdots\cdots\cdots\cdots\cdots\cdots (9)$$

2 以上の任意の自然数 n に対して、基本波成分に対する n 次高調波成分の比率 R_n を n 次高調波比（nth harmonic ratio）、または n 次調波比（同）と呼ぶ。

$$R_n \equiv \frac{C_n}{C_1} \quad \cdots\cdots\cdots\cdots\cdots\cdots\cdots\cdots\cdots\cdots\cdots (10)$$

すべての次数 n に対して、その n 次高調波比がゼロならば、その量は、直流成分および基本波成分のみから成ることになる。

次の式で決まる値 *THD* を考え、

$$THD \equiv \sqrt{\sum_{n=2}^{\infty} R_n^2} \quad \cdots\cdots\cdots\cdots\cdots\cdots\cdots\cdots (11)$$

これを総合高調波ひずみ率（total harmonic distortion）、あるいは単に高調波ひずみ率（同）と呼ぶ。

高調波ひずみ率がゼロであれば、その量には高調波が存在しない。*THD* を用いると、*F(t)* の実効値は式（7）から、以下のように表される。

$$\sqrt{A_0^2 + \frac{C_1^2(1+THD^2)}{2}} \quad \cdots\cdots\cdots\cdots\cdots\cdots\cdots (12)$$

したがって、*F(t)* の実効値に対するその基本波実効値の比率は、

$$\frac{1}{\sqrt{1+\left(\dfrac{2A_0}{C_1}\right)^2+THD^2}} \quad \cdots\cdots\cdots\cdots\cdots\cdots\cdots\cdots\cdots\cdots (13)$$

となる。この値を $F(t)$ の基本波率（fundamental factor）と呼ぶ。

特に、直流成分がゼロならば、基本波率は

$$\frac{1}{\sqrt{1+THD^2}} \quad \cdots\cdots\cdots\cdots\cdots\cdots\cdots\cdots\cdots\cdots (14)$$

である。この場合、基本波率は総合高調波ひずみ率と一対一の関係にある。すなわち、基本波率が分かれば、総合高調波ひずみ率が分かり、逆も成り立つ。基本波率が1になるためには、$F(t)$ の直流成分とすべての高調波成分とがゼロでなければならない。

基本波率は、波形が多少歪んでいても1に近い値となる（図2）。例えば、総合高調波歪み率が10％のとき、その基本波率は99.50％である。基本波率が0.9となるための総合高調波歪み率は、48.43％である。このことから、実効値だけに注目していては、高調波の実態を掴みにくいことがわかる。

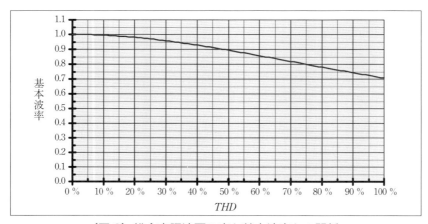

〔図2〕総合高調波歪み率と基本波率との関係

一般に、n次高調波率が R_n となる波形を微分すると、そのn次高調波率は nR_n となる。積分すると、R_n/n となる。高調波は微分すると増え、その大きさは次数が高いほど、顕著になる。また、積分すると減少し、その大きさは次数が高いほど、目立たなくなる。なお、波形を微分、あるいは積分してもそれらに含まれる高調波次数に変化はない。すなわち、微積分することによって新たな次数の高調波が生まれることはない。

　電源高調波には、電圧高調波と電流高調波とがある。電気電子機器は、交流電源が定格電圧、定格周波数の正弦波電圧であることを前提として動作するので、電気電子機器にとって電圧高調波は、そのイミュニティ表現に関連する。すなわち、電気電子機器の電源高調波に対するイミュニティを表現する必要がある場合には、電圧高調波が用いられる。一方、もともと正弦波電圧源として制御されている電力系統に高調波電流が存在するのは、接続される電気電子機器が高調波電流を新たに追加しているためである。このため、電気電子機器は高調波に対して電流源と考えられ[2]、電流高調波は、そのエミッション表現に関連する。すなわち、電気電子機器の電源高調波に対するエミッションを表現する必要がある場合には、電流高調波が用いられる。

　電力系統には各種のインピーダンスが存在するので、高調波電流が流れることによって電圧高調波が発生する。電力系統機器のインピーダンスはほぼ線形なことが多いので、発生高調波電圧の次数は、流れる高調波電流の次数にほぼ同じである。電流高調波に含まれない次数の高調波は通常、発生しない。

　線型機器に基本波電圧を印加すると、流れる電流は基本波成分のみであるから、電流高調波の発生は、電気電子機器の非線型特性に原因がある。したがって、原理的には機器の非線型特性をできるだけ、緩和することが高調波発生を抑制する鍵となる。

　なお、線型な機器であっても印加電圧に高調波が含まれていれば、流れる電流には高調波が含まれることになるので、発生高調波の測定においては、印加試験電圧が基本波のみであることが必要である。

図3と図4とは、いずれも3次高調波を10 %、5次高調波を6 %含む50 Hzの交流電圧波形である。*THD*は、共に11.7 %である。図3では、高調波位相を基本波に対して3次で0度、5次で180度とした。図4では、3次で54度、5次で90度とした。これらの図から、高調波を含む波形について次のことが言える。

(1) 含む高調波次数とそれらの比率とが同じ（したがって、*THD*も同じ）であっても次数ごとの位相が異なると、波形の見た目は変化する。
(2) 高調波によってピーク値（波高値）が低下することがある。基本波の141.4 Vよりも図3では11.5 V、図4では7.9 V低下している。
(3) 高調波によってゼロクロス点がずれることがある。図4では、およそ6度の遅れがある。

電源電圧のピーク値が下がると、ダイオード整流器では整流後に得られる直流電圧が低下し、所定の電圧を得られないことがある。また、ゼロクロス点がずれると、それによって位相基準を決めて制御しているサイリスタやトライアックの使用機器が誤動作することがある。

2—2　高調波の発生原因

エジソンが1882年（明治15年）にニューヨークで始めた電気の製造販売に用いたのは、よく知られるように直流であったが、1880年代後半に入ると交流による発送配電が本格的に試みられるようになった[3]。1888年（我が国で電気製造販売が始まった翌年）には、テスラが米国で多相交流システムの概念を発表している。交流の初期段階では発電機が作る交流波形は統一されておらず、様々なものがあった。中には、図3と似た波形も報告されている。電気の需要が増えて複数の発電機を並行運転しなければならなくなると、安定な並行運転を実現するために波形を同じ形に統一する要求がでてきた。1893年には波形を正弦波とすれば、インピーダンスの概念を導入することができ、それによって直流と同様にオームの法則の成立することが米国で発表

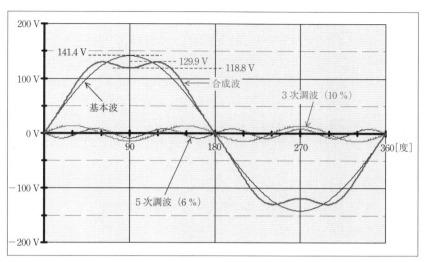

〔図3〕3次調波を10%、5次調波を6%含む波形の例（1）

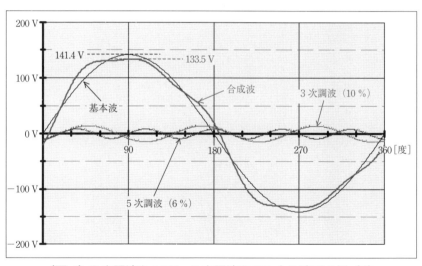

〔図4〕3次調波を10%、5次調波を6%含む波形の例（2）

された。この発表は、電気機器の特性が線型であることを前提としている。これによって1890年代に入ると、正弦波が交流発送配電の標準波形として扱われるようになったと言われている[3]。

同期発電機では、出力電圧波形はギャップ磁束分布波形と同一である。界磁が作る磁束分布は正確な正弦波とはならないので、現代の同期機では磁極形状、スロット形状や極当たりのスロット数、コイルピッチ、巻線方法などに工夫を施すことによってギャップ磁束分布を正弦波としている[4, 5]。その結果、同期発電機の出力電圧波形はほぼ、正弦波となっている。

電源電圧に高調波が持続的に発生するのは、使用電気電子機器の電圧—電流特性が非線型であることに原因がある。原理上、使用機器の特性がすべて線型ならば、高調波は発生しない。したがって例えば、パワーエレクトロニクス装置でも交流側から見た特性を線型とできれば、原理上、高調波の発生源とはならないことになる。

一台当たりの発生量は少ないが、変圧器の励磁電流は高調波を含むのが普通である。鉄心に用いられる電磁鋼板のB-H特性が図5のようにヒステリシスをもつためである。一般的な2 kVA、200 V/200 V、

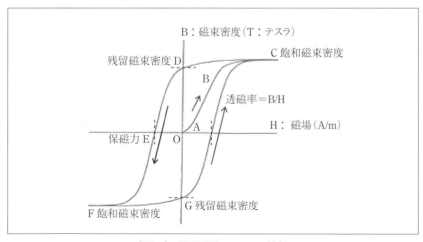

〔図5〕電磁鋼板のB-H特性

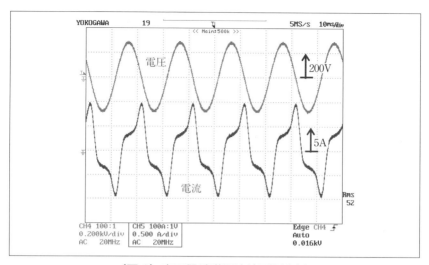

〔図6〕変圧器励磁電流波形測定例

　50 Hzの単相変圧器の励磁電流を測定した結果を図6に示す。印加電圧は、定格周波数（50 Hz）および電圧（200 V）の正弦波である。二次側は、無負荷とした。励磁電流には3次、5次を中心とした奇数次高調波が含まれている。この励磁電流歪みは、印加電圧が高くなると大きくなり、顕著になる。逆に印加電圧が下がれば、歪みは小さくなる。

　現代の配電系統で量的に最大の高調波発生源は、交流電源から直流電圧を得るのに使われるコンデンサ入力型ダイオード整流回路と言われている[7]。テレビ、パソコン、インバータを用いた各種家電機器をはじめ、いろいろな電気電子機器がこの回路を搭載している。

　代表的な例として、図7のような整流回路を考えてみよう。交流100 V、50 Hzから120 V、1.45 kWの直流電力を得る回路である。コンセントまでの電源線のインピーダンスとして、R分0.1Ω（1.4 %）とL分0.4 mH（1.8 %）とを考慮した。経済産業省令電気設備技術基準に従って、コンセント（PCC）の1線は商用電源側で大地に接続（接地）されている。

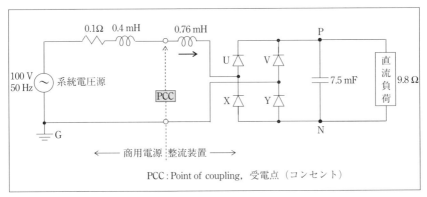

〔図7〕コンデンサ入力型単相ダイオード整流回路

　この整流回路の受電電流波形を図8に示す。電流は交流電圧値が直流電圧値よりも高いときにしか流れないので、波形は断続的となり、高調波成分が発生する。この例では、通電期間の割合は全体のおよそ40％である。この割合は、直流負荷が重くなれば増加し、軽くなれば減少する。また、整流回路に設けた入力インダクタンスを大きくすれば増加し、小さくすれば減少する。この場合、高調波はインダクタンスを大きくすることによって少なくなるが、得られる直流電圧の値は低下する。通電期間の増加は、直流電圧値の低下に等価である。

　この受電電流のフーリエ解析結果を図9に示す。値は、波高値である。基本波は23.1 Aで、3次が14.6 A（63.2 %）、5次が4.94 A（21.4 %）、7次が1.81 A（7.8 %）、9次が1.24 A（5.4 %）、11次が0.80 A（3.5 %）、13次が0.56 A（2.4 %）、15次が0.37 A（1.6 %）となり、41次までで総合高調波歪み率（THD）は67.7 %となった。

　図10は、受電点（PCC）での電圧波形である。電源インピーダンスによる電圧降下のために受電電圧は、系統電圧源よりも波高値で約10 V低下している。整流回路の要求する電流は、交流電圧が直流電圧よりも高い期間に集中するため、交流電圧のピーク部がつぶれた形となっている。受電電圧をフーリエ解析した結果を図11に示す。受電電流の場合と同様に3次、5次、7次などの奇数次高調波が存在して

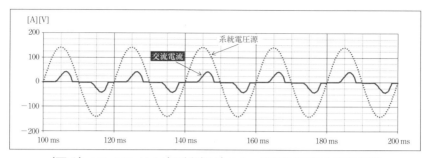

〔図8〕コンデンサ入力型単相ダイオード整流回路の受電電流

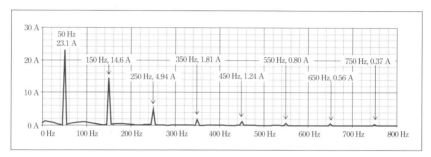

〔図9〕受電電流の周波数分析結果

いる。高調波比率は、3次が4.4 %、5次が2.1 %、7次が1.2 %、9次が1.2 %、11次が0.6 %、13次が0.7 %、15次が0.7 %である。41次までの総合高調波歪み率（THD）は、5.4 %となった。電圧歪み率は、電流歪み率に比べて一桁低いが、この理由は、電圧歪みが電流歪みと電源インピーダンスとの積で決まるためである。電源インピーダンスが大きくなれば、電圧歪みは増加し、得られる直流電圧は低下する。

ダイオード整流回路で留意しなければならない点として、高調波のほかにコモンモード電圧変動がある。図7のようなトランスレス構成の場合、大地Gから見た直流側負極Nの電位V_{NG}は、ダイオードYが導通しているときには0 [V]、ダイオードVが導通しているときには$-V_{dc}$ [V]（V_{dc}は、出力直流電圧）となる。V_{NG}は、交流電源周波

●第11章 電源高調波と電圧サージ

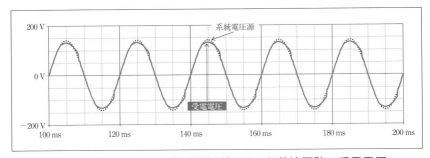

〔図10〕コンデンサ入力型単相ダイオード整流回路の受電電圧

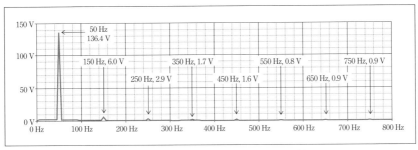

〔図11〕受電電圧波形の周波数分析結果

数に同期して振幅 V_{dc} で変動している．直流側正極Pの対地電位についても同様のことが成り立つ．したがって，P点とN点の対地電位は，図12のような振動波形となる．対地電位は電源周波数と同期して変動し，その変動範囲はP点がゼロから V_{dc} まで，N点がゼロから $-V_{dc}$ までである．変動幅は出力直流電圧に等しく，出力電圧が高いほどコモンモード電位変動も大きい．特に，ダイオードがオフする瞬間に急峻な電位変化が生じる．

2—3 高調波の共振問題

電源高調波は，共振現象によって著しく増幅される可能性がある．電源回路の固有周波数（共振周波数）が高調波次数とぴったり一致しない場合でも，存在する高調波次数のうちのどれかに近づくことによ

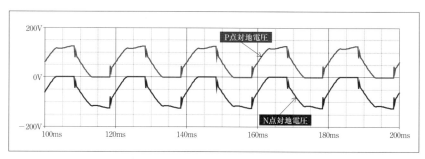

〔図12〕直流側の対地電位変動

ってその次数の高調波振幅が増幅される。存在する高調波のエネルギーが小さくても、周辺回路の特性がその高調波次数近辺を固有周波数とする場合には、高調波エネルギーは増大し、障害を発生する原因となることがある。

回路に共振特性を与えるのは、発生源として問題となる非線型機器ではなく、通常の線型機器であることに留意しなければならない。報告例が多い進相コンデンサ装置の高調波障害[6〜8]は、その代表的なものである。一般に高調波障害が起こるのは、高調波発生源の存在だけではなく、共振現象の並存が主な理由となっている。

都市過密地域の電力線は、C分の比較的大きな地中線のことが多い。また、消費者側に設置された進相コンデンサ装置の入り切り操作は簡単でないことが多いので、負荷の少ない夜間などでも装置が開放されないことが多い。このため、消費密度の高い都市過密地域の電源系統は、ほかの地域に比べて高調波と共振しやすい環境にあると言える。共振現象は、特定の回路条件が成立する場合に起こる現象なので、発生範囲は一様な広範囲ではなく、電気回路的に限定された範囲と考えられる。したがって、高調波障害問題はどちらかと言えば、ローカルな問題として顕在化することが多い。例えば、電源変圧器が異なれば、その変圧器のインピーダンスによって共振現象が遮断され、共振問題はその変圧器の下位回路内に限定されることになるからである。

問題を単純化するために、図13のような高調波の存在する回路を

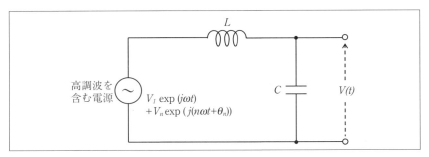

〔図13〕高調波を含む電源と共振回路

考える。コンデンサCには並列に負荷の抵抗分が入るが、ここでは夜間・休日などの軽負荷時を想定して負荷抵抗分を無視して考える。電源の基本波角周波数を ω [rad/s]、基本波振幅を V_1 [V] とし、振幅 V_n [V] のn次高調波を含んでいるとする。n次高調波の位相を θ_n [rad] とする。L [H] は線路インピーダンス、C [F] はケーブルや進相コンデンサなどの静電容量である。進相コンデンサ装置の場合には、L を直列リアクトル、C をコンデンサと考えてもよい。

L と C とによる共振角周波数の基本角周波数 ω に対する倍率を α とする。α は正数であるが、自然数には限らない。ここでは α を仮に、回路固有次数と呼ぶことにする。

$$\alpha \equiv \frac{1}{\omega\sqrt{LC}} \quad \cdots\cdots\cdots\cdots\cdots\cdots\cdots\cdots\cdots\cdots\cdots\cdots (15)$$

図13の負荷端電圧 $V(t)$ を求めると、次式となる。

$$V(t) = \frac{V_1}{1-\left(\frac{1}{\alpha}\right)^2}\exp(j\omega t) + \frac{V_n}{1-\left(\frac{n}{\alpha}\right)^2}\exp(j(n\omega t+\theta_n)) \quad [V] \quad (16)$$

この式の第1項は基本波成分、第2項は高調波成分を表す。基本波成分の振幅は、α が1に近づくほど大きくなるが、これはよく知られるフェランチ現象である。一方、高調波振幅も大きくなるが、1ではなく、

nに近づくことでよいので、倍率は基本波よりも大きくなりやすい。このように回路の共振現象によって高調波が増大する現象を高調波拡大現象と呼ぶが、これは高調波に対するフェランチ現象であると言うことができる。図13のようにダンピング抵抗のない完全共振回路の場合には、電源回路の固有周波数よりも高い高調波に対しては高調波位相の変化はなく、それよりも低い高調波に対しては高調波位相が反転する。

例えば、αが8となる電源回路では、基本波振幅は1.016倍であるのに対して、5次高調波振幅は1.641倍となる。また、6％L付き進相コンデンサ装置のαは4.082であるので、基本波振幅が1.064倍になるが、5次高調波に対しては2.194倍となる。6％L付き進相コンデンサ装置は、5次高調波が加わると、コンデンサ部、したがってリアクトル部にも高い電圧が発生して大きな電流が流れることがわかる。これが、6％L付き進相コンデンサ装置に高調波障害が発生する原因である。

図3のような高調波を含む電源から$\alpha=8$の回路に電圧が供給されたとすると、受電端の電圧波形は図14となる。3次と5次共、高調波が増幅されているので、図3よりも凹凸が先鋭化した波形となっている。

図15は、電源回路の固有周波数が変わると、電源電圧に含まれる基本波と高調波とがどの程度増幅されるかを示した図である。横軸は回路固有次数、縦軸は拡大率である。基本波の拡大率は、フェランチ効果を意味している。フェランチ効果は、回路固有次数αが5で1.042倍、10で1.01倍である。これに対して、高調波の場合には回路固有次数が高調波次数に近づくと著しく大きくなる。高調波次数が回路固有次数のプラスマイナス1以内に入った場合、5次調波は2〜3倍、7次調波は3〜4倍、11次調波は5〜6倍、13次調波は6〜7倍、拡大することがわかる。一般にn次調波の場合には、$\frac{n-1}{2} \sim \frac{n+1}{2}$倍に拡大する。nが大きくなるに従って、拡大率は大きくなる。

高調波拡大現象の特徴は、以下のようにまとめられる。

●第11章 電源高調波と電圧サージ

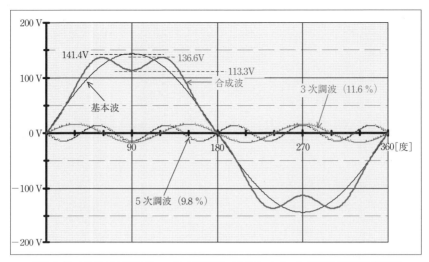

〔図14〕図9の電源を α=8 の回路に供給したときの受電端電圧波形

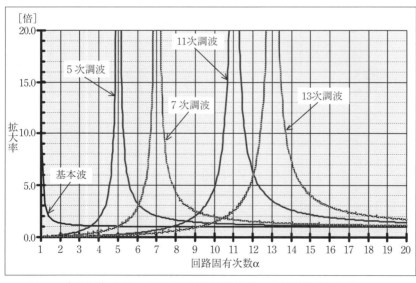

〔図15〕電源回路の固有周波数次数 α と高調波拡大率

(1) 高調波拡大現象の原理は、基本波に対するフェランチ現象と同じである。
(2) 負荷の軽いときに起こりやすい（休日、夜間など）。
(3) 存在する高調波次数が回路固有次数に近い場合に発生する。
(4) 回路定数が密接に関係する現象のため、顕著となる範囲は限定的である。すなわち、ローカルな現象である。
(5) 都市過密地区で起こりやすい。

2—4 高調波障害事例

高調波による電圧歪みは、電気電子技術の進歩と発展に伴って顕在化してきた問題と言える。我が国では1994年に通商産業省（現、経済産業省）が高調波発生を抑制するために2つのガイドライン、すなわち、「家電・汎用品高調波抑制ガイドライン」および「高圧又は特別高圧で受電する需要家の高調波抑制対策ガイドライン[12]」を制定し、発行した。IECの高調波限度値規格である61000-3-2[10]の初版が制定されたのは1995年であり、我が国のガイドライン制定はそれよりも1年早い。家電・汎用品高調波抑制ガイドラインの規制対象は低圧需要家が使う電気電子機器であったが、現在はJIS C 61000-3-2[11]に置き換えられている。一方、高圧又は特別高圧で受電する需要家の高調波抑制対策ガイドライン[12]の規制対象は機器ではなく、需要家であり、現在も効力を有する。

図16は、我が国での高調波障害の発生件数および障害機器台数の推移[6, 7, 13, 14]をグラフ化したものである。ガイドライン制定後、障害発生が全体的に抑制されたことを読み取ることができる。最も発生が多い場所は、事務所ビルと商業用施設であると報告されている[7]。

高調波による障害には、以下のような例がある。
(1) 進相コンデンサ装置[6, 7, 13〜16]
　　直列リアクトル部では振動発生、過熱、焼損。コンデンサ部では異音発生、保護装置動作、過熱、焼損。高調波障害件数の大半が進相コンデンサ装置に集中している[6, 7, 14]。この理由は、前節2—3

●第11章 電源高調波と電圧サージ

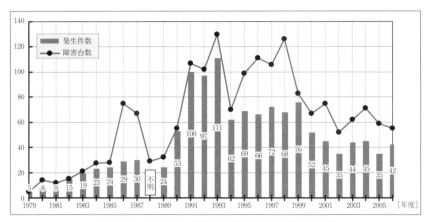

〔図16〕我が国の高調波障害発生件数の推移

で述べた高調波共振現象である。
(2) 保護継電器、漏電遮断器の誤動作[6, 15, 16]
　これによって遮断器開放、および負荷停止が起こる。
(3) 変圧器の異音発生・損失の増大・寿命低下[15, 16]、電動機の効率低下[15]
　変圧器や電動機は多数が使われているので、全体での経済損失は無視できない可能性がある。
(4) 計量器精度の悪化[15]
　今後、電力取引にスマートメータが用いられる場合には、高調波の存在によって精度がどの程度悪化するかを定量的に表現する必要があるかもしれない。
(5) マグネットスイッチの過熱[16]
　この原因は、近くに設置された風力発電機のインバータからの高調波であった。
(6) ダイオード整流回路の直流出力電圧低下
　ダイオード整流回路では交流振幅が直流出力電圧よりも高い期間しか通電しないので、交流波高値が高調波によって低下すると、出力電圧も低下する。これによって、汎用インバータなどが停止する

可能性がある。

個々の障害事例において、その原因となる高調波の発生源を特定できたケースは限られており、障害の多くがパソコン、テレビ、エアコンなどの多数の不特定機器からの高調波が原因と指摘されている[6,7]。

2—5 対策

対策には、エミッションを抑える対策とイミュニティを高める対策とがある。エミッション抑制の目標を与えるものは、国際規格ではIEC 61000-3-2[10]、61000-3-4[17]、61000-3-6[18]、61000-3-12[19]があり、国内規格・基準ではJIS C 61000-3-2[11]と高圧又は特別高圧で受電する需要家の高調波抑制対策ガイドライン[12]とがある。一方、イミュニティではIEC 61000-4-13[20]がある。

エミッション、イミュニティ共、具体的な対策は、対象機器の内部回路によって異なるため、一言で論ずることは難しい。ここでは特に、近年認識されるようになってきたPWM電力変換装置に関わる高次高調波のエミッション対策について述べることにする。

何の対策も施さずにPWM波形をそのまま電源側と入出力する電力変換装置における典型的な連系電流波形を図17に示す。定格電圧100 V、定格周波数50 Hz、定格電流波高値12 Aとした。スイッチング周波数は、20 kHzである。連系電流にはスイッチングに起因する高い周波数の高調波が含まれている。最も成分の大きな高調波は20 kHz（400次）の6.1 %であり、THDでは6.4 %である。高調波としては低い次数のものはなく、高次高調波のみとなっている。流出した高調波電流は、配電線などの電源回路内に存在する各種静電容量（電線、別の機器内にあるEMCフィルタ、寄生容量など）によって消費されることになり、場合によっては共振に伴う高電圧を発生する危険がある。

コンデンサのインピーダンスは周波数が高くなるほど、小さくなり、インダクタのインピーダンスは周波数が高くなるほど、大きくなる。このことを利用して図18のようなLCフィルタを装置に付加すること

● 第11章 電源高調波と電圧サージ

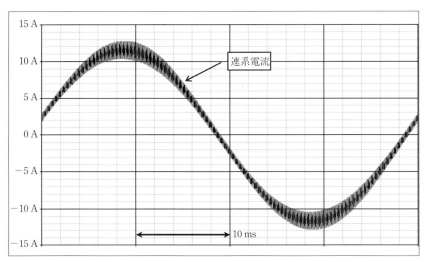

〔図17〕フィルタがない場合の連系電流波形

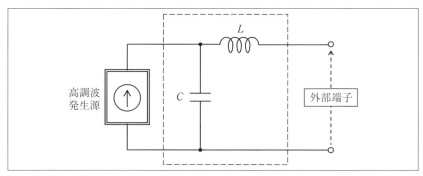

〔図18〕LCフィルタ回路

によって高調波を低減することが考えられる。ここで、Cはアブソーバの役割を、Lはブロッキングコイルの役割を担っている。しかしながら、LCフィルタはその共振周波数での理論上のゲインが無限大となるため、

(1) 機器が発生する高調波に共振周波数成分が含まれる場合には、逆に高調波を拡大してしまう。

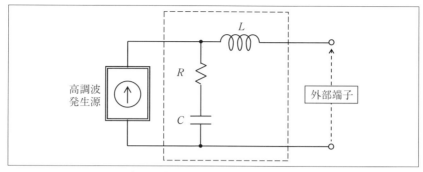

〔図19〕ダンピング抵抗の付加

(2) 電源電圧に共振周波数の高調波成分が存在する場合には、電源側高調波も増幅してしまう。

という2つの問題がある。このため、このままの形で適用することにはリスクが伴う。

共振周波数でのゲインを抑制するためには、何らかの形でダンピング抵抗を追加すればよい。Lには主電流が流れるため、ここではCに直列に挿入することを考える。図19にこのように構成したLCRフィルタを示す。

ここで、LとCによる共振周波数をF_0、特性インピーダンスをZ_0とする。

$$F_0 \equiv \frac{1}{2\pi\sqrt{LC}} \ [Hz] \quad \cdots\cdots\cdots\cdots\cdots\cdots\cdots\cdots\cdots\cdots (17)$$

$$Z_0 \equiv \sqrt{\frac{L}{C}} \ [\Omega] \quad \cdots\cdots\cdots\cdots\cdots\cdots\cdots\cdots\cdots\cdots (18)$$

すると、周波数がF [Hz] の高調波に対するLCRフィルタの伝達ゲインGは、次式で与えられる。

$$G = \sqrt{\frac{1+\left(\frac{R}{Z_0}\right)^2\left(\frac{F}{F_0}\right)^2}{\left(1-\left(\frac{F}{F_0}\right)^2\right)^2+\left(\frac{R}{Z_0}\right)^2\left(\frac{F}{F_0}\right)^2}} \quad \cdots\cdots\cdots\cdots (19)$$

R を付加することによって伝達ゲインが最大となる周波数は、F_0 よりも若干下がるが、その最大値は共振周波数 $F=F_0$ での値にほぼ等しい。共振周波数に対する値は、次式である。

$$G = \sqrt{1+\frac{Z_0^2}{R^2}} \quad \cdots\cdots\cdots\cdots\cdots\cdots\cdots\cdots (20)$$

上式から共振周波数に対する伝達ゲインは、付加抵抗 R の大きさを Z_0 に対して大きくすれば、それだけ抑制効果が高まることになる。$R=0.5Z_0$ および $R=Z_0$ における LCR フィルタのゲイン特性を図20に示す。共振周波数の1.5倍を超える周波数では、ゲインが1よりも小さくなり、高調波の発生が抑制されることがわかる。さらに、共振周波数の1.5倍を超える周波数では、付加抵抗 R の値の小さい方が抑制効果の大きなこともわかる。

ダイオード整流器の場合には、発生高調波電流の最小周波数が150 Hz から180 Hz なので、LCR フィルタのみでの対策は困難なことが多いが、PWM 電力変換装置ではスイッチング周波数に起因する高次の高調波が対象となるので、LCR フィルタで十分に対策できることが多い。

この電力変換装置にLCRフィルタを付加すると、図17の連系電流波形は（図21）のように変化する。フィルタ定数は、L を $200\mu H$（0.5 %）、C を $10\mu F$（3.7 %）、R を 0.5Ω（4.2 %）とした。F_0 は 3.6 kHz、Z_0 は 4.5Ω となる。図から、PWM に起因する高次高調波電流がインダクタで阻止されてコンデンサに吸収されるので、連系電流からはほとんど除去されていることがわかる。その THD は 0.2 % であり、

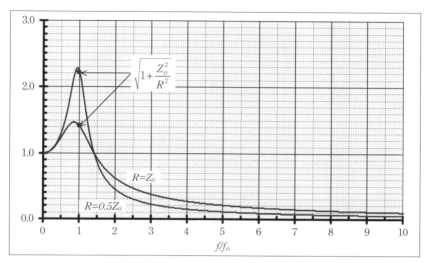

〔図20〕LCRフィルタの伝達ゲイン特性

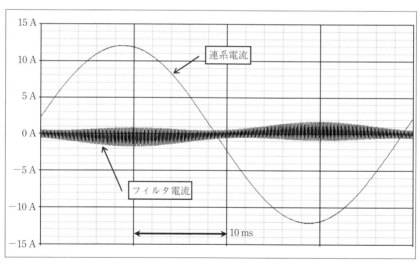

〔図21〕LCRフィルタを付加した場合の連系電流波形

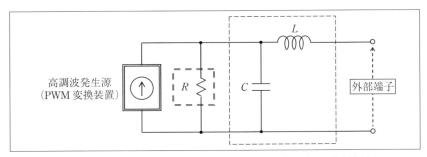

〔図22〕PWM変換装置の制御による等価ダンピング抵抗付加

小さい。ダンピング抵抗で消費される電力は、4 W 弱とわずかである。このように PWM 電力変換装置では、交流側にダンピング抵抗付き高調波フィルタを設置することによって PWM に伴う高次高調波を取り除くことができる。以上述べたことは電力変換における有効電力の向きにかかわらず、整流器運転の場合も同様に成り立つ。

なお、高調波発生源が PWM 電力変換装置の場合には、交換装置の制御によってダンピング抵抗を等価的に変換装置の受電端子と並列に発生させることもできる（図22）。この方法では、ダンピングに伴う電力損失が全く発生しない。ページ数の制約から具体的な方法については、割愛する。

3. 電圧サージ

3—1 電圧サージとは

サージ（surge）とは元来、寄せ来る大波やうねりを意味する言葉である。JIS C 0161：1997「EMC に関する IEV 用語」では、電圧サージ（voltage surge）を以下のように定義している。

◇**電圧サージ**：電圧の急激な上昇の後、ゆっくりと低下する特徴をもった、送電線又は回路を伝播する過渡的な電圧波形

一方、パルス（pulse）が次のように定義されている。

◇**パルス**：短時間における物理量の急激な変化で、変化後急速に初期値に復帰するもの

サージでは減少が緩慢な点がパルスと異なっている。そのため、1回当たりのエネルギーがパルスと比較して大きいという特徴がある。

この電圧サージは、我が国電気学会の標準規格（JEC）ではインパルス電圧と呼ばれていて[21]内容は同じである。1960年代には、衝撃電圧[22]と呼ばれていた。

落雷や開閉器動作によって電力機器に生ずる過渡的過電圧が電圧サージの伝統的な代表例である。前者を落雷サージ（lightning surge）、後者を開閉サージ（switching surge）と呼び、電力機器の絶縁耐圧を決定する際の重要な指標として利用されている[23]。一方、近年ではパワーエレクトロニクスの普及に伴い、半導体のスイッチングによって生ずる電圧サージが問題となることも多い。半導体の過電圧耐量は小さいので、歴史的には半導体自身を守る技術（スナバ技術）として開発されてきた経緯があるが[24]、近年では周辺の機器に及ぼす障害が問題となることもある。特にインバータを用いて電動機を可変速駆動した場合、電動機にマイクロサージ[25]と呼ばれる高周波サージ電圧を発生して電動機に障害を生ずる現象が注目を集めている[26,27]。

電圧サージの発生限度値を一般的に制限する規格は、存在しない。これは、発生原因の中に雷などの自然現象、あるいは電力機器の開閉サージのような不可避で発生量をコントロールできない現象が存在することが理由である。

一方、イミュニティについては、IEC 61000-4-5[28,29]が一般的な限度値を規定している。供試機器に印加する電圧サージの標準試験波形は図23のとおりであり、その波頭長は1.2マイクロ秒、波尾長は50マイクロ秒（波頭長の40倍）となっている。

3—2　電圧サージの発生原因

電圧サージの発生原因の伝統的なものは、送配電線や通信線への落雷（雷サージ）および送配電線遮断器や断路器の入切（開閉サージ）

である。雷サージでは対地電位の過渡変動が第一に問題となり、開閉サージでは相間電圧の過渡変動が第一の問題である。本稿では、近年インバータの普及に伴って顕在化してきたマイクロサージに焦点を絞ることとする。

　図24は、電動機を可変速ドライブするための汎用インバータの構成を示している。商用交流電源をダイオード整流器で直流に変換した後、インバータによって可変周波数の三相交流に再変換している。トランスレスのダブルコンバージョン構成であり、入出力間は絶縁されていない。ここで商用電源は、経済産業省令電気設備技術基準に従って、保安のために一線が接地されている。電動機は、ケーブルによってインバータと接続される。ケーブルには、静電容量およびインダクタンスが存在する。それらの値は、ケーブルの長さに比例して大きくなる。

　図24の汎用インバータの内部主回路は、図25のようになっている。インバータの出力側にPWM成分を除くためのフィルタはなく、スイッチングにより作られたパルス電圧がそのまま出力される。電動機のトルクと回転数を制御するには、電流が所望の正弦波となればよいので、電流はほぼ正弦波であるが、電圧はパルス波形となっている。商用電源側の接地点は200 V回路の場合、中相（b相）とすることが多

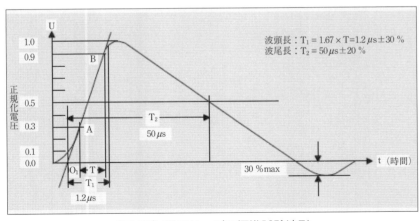

〔図23〕電圧サージの標準試験波形

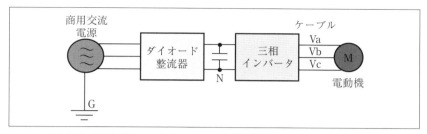

〔図24〕電動機を可変速ドライブする汎用インバータの構成図

いが、図24では単純化のため、中性点とした。

この回路に発生する電圧サージを理解するためには、出力端子の対地電位がどのように変動しているかを把握する必要がある。出力端子の対地電位は、インバータのスイッチングによって直流リンクの負側端子N点を基準として変動するが、N点の対地電位はダイオード整流回路の動作によって変動する。

まず、N点の対地電位変動波形の例を図26に示す。N点対地電位は、ダイオード整流回路によって電源周波数の3倍の150 Hzで変動していることがわかる。その変動振幅は、$-V_{dc}/3$ [V] から $-2V_{dc}/3$ [V] の間（V_{dc}は直流電圧）となる。

次に、インバータa相の対地電位Vaの変動を図27に示す。PWMキャリア周波数を5 kHz、インバータ出力周波数を25 Hzとした。図には、参考として商用交流電源からの入力電流波形も表示した。インバータ出力電流は、25 Hzの正弦波に制御されている。交流入力電流波形は、三相ダイオード整流器に固有な形状（兎の耳）となっており、多くの高調波が含まれている。

対地電位Vaは、おおよそ商用交流電圧の三相包絡線を振幅とする5 kHzのパルス波形となっていることがわかる。直流リンクN点の対地電位が150 Hzで変動しているので、Vaはその変動の上に、直流リンク電圧が振幅となるPWMによるパルス波形が乗る形となっている。すなわち、対地電位Vaは直流リンク電圧のPWMパルス波形がダイオード整流器でさらに変調された波形となっている。その波高値は、

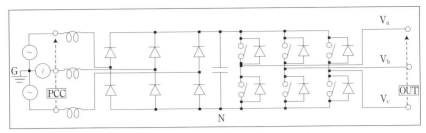

〔図25〕汎用インバータの内部主回路図

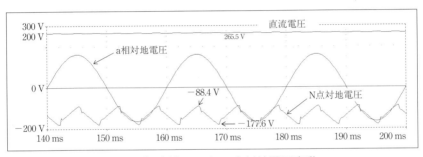

〔図26〕直流リンクN点対地電圧変動

約176 Vである。図27を時間拡大したものを図28に示す。インバータ出力端子の対地電位は、正負の間を高速で行ったり来たりしているのが見られる。

インバータ出力端子と電動機との間はケーブルで結線されるので、その間には直列インダクタンスが存在すると共に、対地間に静電容量も存在する。また、インバータ内部でもIGBTなどのスイッチング素子とその冷却フィンとの間に対地静電容量が存在する。一方、交流電源は、保安のために1線が接地されている。このため、電動機端子から見た対地電位変動については、図29のような等価回路が成り立っていると考えることができる。ここでRは、交流電源での接地抵抗等である。時刻t = 0でパルス電圧源が0 Vから1 Vに変化すると、電動機端子の対地電圧 $V_{common}(t)$ は式（22）のように変化する。ただし、ここでは

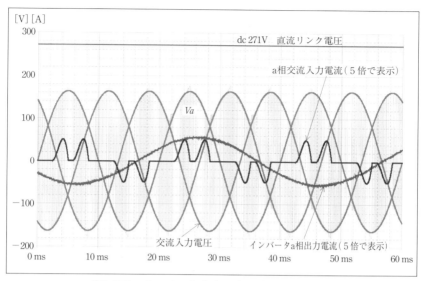

〔図27〕インバータ出力a相の対地電位変動

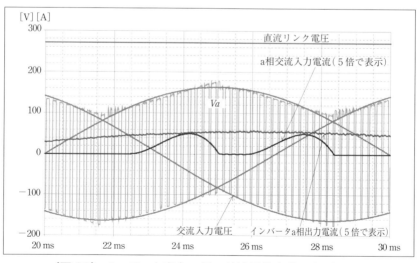

〔図28〕インバータ出力a相の対地電位変動 (時間拡大)

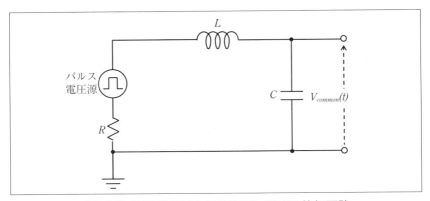

〔図29〕電動機端子の対地電圧に関する等価回路

$$2\sqrt{\frac{L}{C}} \gg R \quad \cdots\cdots\cdots\cdots\cdots\cdots\cdots\cdots\cdots\cdots\cdots\cdots\cdots (21)$$

であると仮定している。接地抵抗は一般に小さいので、式(21)は多くの場合、成立する。

$$V_{common}(t) = 1 - K \cdot \exp\left(-\frac{R}{2L}t\right) \cdot \cos\left(\frac{t}{\sqrt{LC}}\right) \quad \cdots\cdots\cdots (22)$$

ここで、Kは1以下、ゼロ以上の実数で初期条件によって定まる。この $V_{common}(t)$ がマイクロサージである。

上式からマイクロサージについて、次のことがわかる。

(1) マイクロサージは、振幅が減衰する正弦波である。マイクロサージの包絡線は、立上りが急峻で立下りが比較的緩やかとなる。
(2) マイクロサージによって、電動機端子には最大、インバータ出力端子対地電圧の2倍の電圧が対地電圧として印加される。
(3) 正弦波の周波数は、交流電源とインバータ間およびインバータと電動機間の線路インダクタンスと、線路およびインバータなどの対地静電容量との積の平方根に反比例する。すなわち、線路インダクタンス、対地静電容量が大きくなると、周波数は低下する。

(4) 振幅の減衰時定数は、接地抵抗が大きいほど、線路インダクタンスが小さいほど、大きくなる。すなわち、速く減衰する。

$L = 10\,\mu$H、$C = 1$ nF、$R = 5\,\Omega$ のときの V_{common} を計算した結果を図30（K=0.4）、図31（K=1.0）に示す。インバータ出力電圧パルスが変化するたびに、電動機端子には包絡線がサージ状のマイクロサージ電圧が対地に対して発生している。そのピーク値は、最も大きい場合にはインバータ出力端子の2倍となる。電圧振動の周波数は約

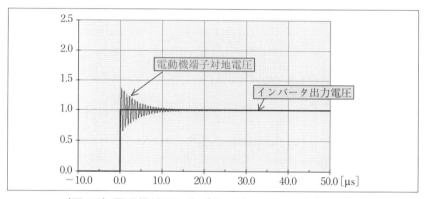

〔図30〕電動機端子に生ずるマイクロサージ（K=0.4）

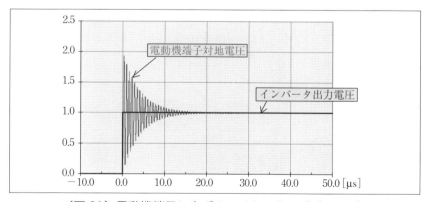

〔図31〕電動機端子に生ずるマイクロサージ（K=1.0）

1.6 MHz であり、スイッチング周波数の 80 倍の高周波である。その減衰時定数は 4 μs であり、およそ 10 μs の短時間で収束している。

　以上のように、インバータでドライブされた電動機には、インバータが作るコモンモード電圧変動がパルス状であることに配線等のインダクタンスと対地静電容量とによる共振現象が加わって、大地（アース）に対してマイクロサージ電圧が発生することがある。このマイクロサージは、次節に述べるように様々な障害発生の原因となり得る。

3—3　ノイズ事例

　前節で示したように、マイクロサージには以下の特徴がある。
(1) 大地（アース）に対する過渡過電圧である。このため、電動機巻線の絶縁を劣化させ、軸電流によって軸受を過熱老化させる可能性がある。電動機本体のアースが充分でないときには、最悪の場合、感電事故の原因となる。
(2) MHz オーダーの高周波現象である。マイクロサージ電圧によって流れる対地漏れ電流は、交流電源の接地点に帰還する。これは広い面積での循環電流であり、しかも周波数が高いために放射ノイズを生みやすく、周辺機器に無線ノイズ障害が起こりやすい（図32）。

　200 V、3.7 kW の誘導電動機をインバータでドライブ（定格回転数）したときの商用電源受電端子でのコモンモード電圧測定例を図33に示す。測定には、LISN（Line Impedance Stabilization Network）

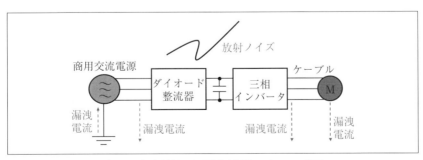

〔図32〕対地漏れ電流循環のイメージ図

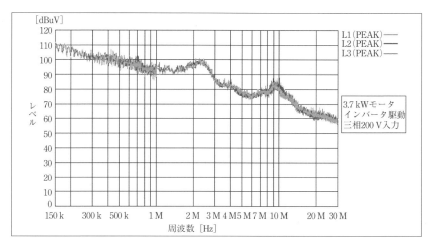

〔図33〕商用電源受電端子のコモンモード電圧測定例

を用いた。MHz領域まで、ノイズ成分の拡がっていることがわかる。150 kHzで110 dB（μV）程度の強さがあり、特定周波数での多少のピークはあるが、全体としては周波数が高くなるに従って減少している。30 MHzではおよそ60 dB（μV）であるので、概ね20 dB/decadeでの減少となっている。

　図34は、漏れ電流（コモンモード電流）の測定例である。インバータ入力側（電源側ケーブル）と出力側（電動機側ケーブル）とをそれぞれ示す。電動機側ケーブルでは数MHzの領域まで80 dB（μA）（10 mA）程度の漏れ電流が流れている。漏れ電流の大きさは、150 kHzから数MHzの領域までほぼ一定である。電源側ケーブルの漏れ電流は、60 dB（μA）（1 mA）程度である。漏れ電流は、電動機側ケーブルの方が電源側ケーブルよりも一桁多い。

　図35は、放射ノイズの測定例である。インバータと電動機とを3 m法電波暗室に設置して測定した。図には、CISPR 11クラスBの許容値を3 m法に換算した値も示した。30 MHzで約80 dB（V/m）、300 MHzで約30 dB（V/m）の電波ノイズが発生している。200 MHz以上では、ノイズ電界の大きさがほぼ一定となっている。

●第11章 電源高調波と電圧サージ

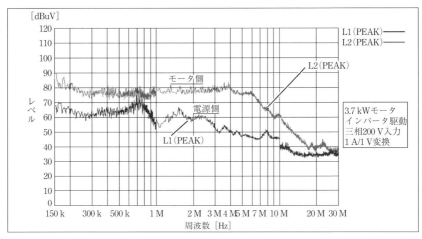

〔図34〕漏れ電流測定例

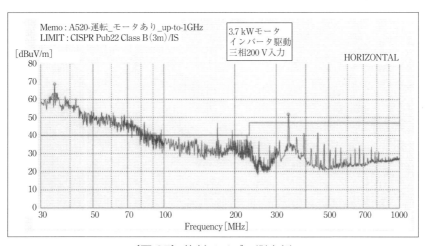

〔図35〕放射ノイズの測定例

　図36は、電動機回転軸の対地電圧（軸電圧）を測定したものである。商用交流電源で電動機を駆動した場合にも軸電圧が発生するが、その場合には商用周波数の正弦波となる。これに対してインバータで駆動した場合には、高周波のパルス状電圧が発生していることがわかる。

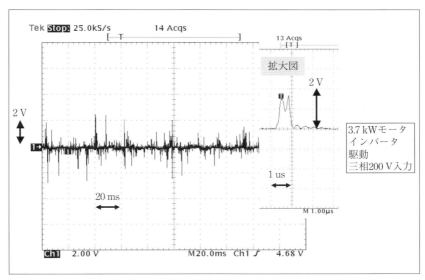

〔図 36〕電動機軸電圧の測定例

軸受が金属製の場合には、この電圧によって高周波電流が流れ、熱劣化を生ずることが知られている。

3—4 障害と対策

今まで述べてきたように、電動機をインバータで可変速ドライブする場合には、原理上以下のような障害を起こす可能性がある。

(1) 電動機にマイクロサージ電圧を印加する。これは、電動機巻線の絶縁を劣化させる原因となる。
(2) MHz オーダーの高周波のコモンモード電流が発生する。この電流の帰還場所は交流電源の接地点であるので、電流ループの面積は広くなりがちである。このため、放射ノイズによる無線障害、ラジオ障害が発生しやすい。
(3) 電動機回転軸にパルス状の高周波軸電圧が発生する。これによって軸受が過熱し、老化が速まる。
(4) 電動機台座の接地が不完全であると、電動機外枠に高周波の高い

電圧が発生し、感電に至る場合がある。
(5) インバータ、電動機、ケーブルの付近を通る通信線や信号線にクロストークノイズを重畳させる。これによって、通信機器や電子機器が誤動作、誤不動作に至る。

　電動機を商用電源で直接駆動するときには、電動機にかかる電圧と流れる電流とは共に正弦波であるのに対し、インバータ駆動の場合には、電流は正弦波状である（電動機の回転数とトルクとを制御するには、電流が所望の波形であればよい）けれども、電圧がパルス列（パルス電圧）であることがこのような障害の発生する原因である。電圧は、線間電圧（差動モード）および対地電圧（コモンモード）ともパルス列である。さらに、インバータを取り巻く電源環境も影響している。これらを改めて整理すると、以下のようになる。
(1) インバータが出力する線間電圧（差動モード）が高周波のパルス列である。
(2) インバータが出力する対地電圧（コモンモード）も高周波のパルス列である。

　差動モードに含まれるのはインバータのPWM周波数のみであるが、コモンモードの方ではインバータのPWM波形がダイオード整流器の対地変動によってさらに変調された形となっている。差動モードのパルスの高さは、直流リンク電圧の大きさに等しい。コモンモードのパルスの高さは、入力側相電圧の三相包絡線の振幅にほぼ等しい。
(3) ドライブシステムは通常、トランスレス構成をとり、入出力間が絶縁されていない。
(4) 入力の交流電源（商用電源）は通常、出口端で一線または中性線が直接接地されている。

　(3)はコストダウンが主たる理由であるが、変圧器等を入れて入出力を絶縁するのは実際上なかなか困難ではないかと想像される。(4)の理由は保安確保であり、法的根拠があるので変更は難しい。

　以上のことから、インバータを用いた電動機駆動システムは、マイクロサージによる絶縁劣化、無線障害、軸受過熱老化、通信線や信号

線の伝導障害などを発生しやすいことになる。

　インバータによるノイズ障害を根本的に解決するためには、上記（1）と（2）の原因を共に取り除けばよい。すなわち、

[1] インバータの出力側にフィルタを挿入して電流だけでなく、線間電圧（差動モード）も正弦波とする。

[2] インバータの主回路と PWM 法とを工夫して、PWM に伴う対地電圧（コモンモード）変動をなくす。

　[1] では主回路への L と C との追加だけでなく、電動機トルク制御の改良が必要となる。出力周波数は高くても 200 Hz 程度なので、電圧を正弦波とすることそのものは、困難ではないと考えられる。[2] では対地電圧がスイッチングの影響を受けないようにする必要がある。電動機ドライブ用インバータは電源高調波の発生源ともなっているが、高調波を抑制する目的で入力側ダイオード整流器を PWM 整流器に置き換えると、コモンモード変動にこの PWM 整流器によるコモンモード変動が追加されてコモンモードノイズが増大してしまう。このため、電源高調波対策も容易ではない。[1] および [2] を実現した上で電源高調波対策をしたものが研究段階のものとしては、すでに発表されているが[31]、商品化されたものは現在のところ、見当たらない。

　このような事情から障害対策に王道はなく、対処療法的とならざるを得ないため、個々の実情に応じて試行錯誤で進めてゆくのがベストである。具体的には、以下のような方法がある。

(1) インバータと電動機との間のケーブルをできるだけ、短くする。交流電源と電動機の設置場所とが離れている場合には、インバータは可能な限り電動機近くに設置することが望ましい。

(2) インバータの交流入力側、電動機出力側にコモンモードチョーク、フェライトコアなどを挿入する。インバータによっては、直流リンク回路にリアクトルを追加できるので、利用する。

(3) インバータの交流入力端子に Y コンを追加する。コモンモード電流の帰還経路を短くする働きがある。Y コンのアース線は、太く短くする。ただし、電動機出力側に Y コン、または X コンを追加して

はいけない。電動機側はスイッチング素子がそのまま引き出されているので、コンデンサによって出力電圧を短絡することとなり、スイッチング素子を破壊する危険がある。

(4) 入力交流電源ケーブルおよび電動機ケーブルを周囲の配線から遠ざける。それらにシールド付きのものを用いる。ただし、シールド部を接地すべきか否か、また接地する場合には片端接地がよいか両端接地がよいかは、個別の状況によって判断しなければならない。また、金属製の電線管やトラフにこれらを収納する。この場合、電線管、トラフは接地しなければならない。
(5) 付近を通る通信線や信号線には、ツイストペアー電線を使用する。シールド付きのものを用いれば、さらに有効である。
(6) キャリア周波数を変更できるインバータの場合には、キャリア周波数を下げる。これによって差動モード、コモンモード共ノイズは減るが、運転騒音の増加する可能性がある。
(7) 電動機台座のアース線を太く短くする。
(8) インバータの交流入力回路に絶縁トランスを挿入する。この対策の効果は大きいが、重量、コスト、スペースのかさむことが欠点である。

4. あとがき

　近年、話題となることの多い電源高調波と電圧サージとに関してEMCの視点から技術的内容を中心に解説した。この２つの伝導ノイズの技術的な特徴について、読者の皆様の理解を得ることができたならば、著者の喜びとするところである。

●参考文献
1) JIS C 60050-161：1997,「EMC に関する IEV 用語」
2) IEC 61000-2-1 Ed.1, 1990-05, "Electromagnetic compatibility (EMC) – Part 2：Environment – Section 1：Electromagnetic environment for low-frequency conducted disturbances and signaling in public power supply systems"
3) 山本充義, 石郷岡猛：「電力用交流の歴史 —波形, 周波数, 相数の変遷—」, 電気学会雑誌, 第 125 巻 7 月号, pp.421-424, 2005 年
4) 長野進：「同期機の高調波に関する諸問題と対応技術 —総論—」, 平成 15 年電気学会全国大会, 第 5 分冊, S18-1
5) 木崎雄一, 上原俊治：「同期機の高調波発生量」, 平成 15 年電気学会全国大会, 第 5 分冊, S18-2
6) 「電力系統における高調波とその対策」, 電気協同研究, 第 46 巻第 2 号, 1990 年 6 月
7) 「高圧受電設備における高調波問題の現状と対策」, 電気協同研究, 第 54 巻第 2 号, 1998 年 11 月
8) 「配電系統における電力品質の現状と対応技術」, 電気協同研究, 第 60 巻第 2 号, 2005 年 3 月
9) 雪平謙二：「高調波抑制対策の動き —国際規格, JIS, ガイドライ

ン」，OHM，2009年2月号，pp.21-25

10) IEC 61000-3-2: 1995, "Electromagnetic compatibility (EMC) – Part 3 : Limits – Section 2 : Limits for harmonic current emissions（equipment input current – 16 A per phase）"

11) JIS C 61000-3-2：2005，「電磁両立性—第3-2部：限度値—高調波電流発生限度値（1相当たりの入力電流が20A以下の機器）」

12) 「高圧又は特別高圧で受電する需要家の高調波抑制対策ガイドライン」，経済産業省原子力安全・保安院，2004年1月

13) 藤井俊成，森安正司：「系統高調波の実状」，平成15年電気学会全国大会，第5分冊，S18-3

14) 松永明生：「電力系統の電圧歪み」，OHM，2009年2月号，pp.26-28

15) 能見和司：「高調波実践講座」，電磁環境工学情報EMC，2004年5月号，No.193（第1回）〜2005年8月号，No.208（第13回）

16) 「EMC電磁環境学ハンドブック」，ミマツコーポレーション，pp.552-555，2009年9月

17) IEC/TS 61000-3-4：1998, "Electromagnetic compatibility (EMC) - Part 3-4: Limits - Limitation of emission of harmonic currents in low-voltage power supply systems for equipment with rated current greater than 16 A"

18) IEC 61000-3-12：2004, "Electromagnetic compatibility (EMC) - Part 3-12: Limits - Limits for harmonic currents produced by equipment connected to public low-voltage systems with input current > 16 A and ≤ 75 A per phase"

19) IEC 61000-3-6: 2008, "Electromagnetic compatibility (EMC) - Part 3-6: Limits - Assessment of emission limits for the connection of distorting installations to MV, HV and EHV power systems"

20) IEC 61000-4-13：2009, "Electromagnetic compatibility (EMC) - Part 4-13: Testing and measurement techniques -

Harmonics and interharmonics including mains signalling at a.c. power port, low frequency immunity tests"
21) 電気学会電気規格調査会標準規格 JEC 0202 (1994):「インパルス電圧電流試験一般」
22) 電気学会電気規格調査会標準規格 JEC-171 (1968):「衝撃電圧電流試験一般」
23) 電気学会電気規格調査会標準規格 JEC 0102 (1994):「試験電圧標準」
24) 二宮保, 庄山正仁:「スイッチング電源のノイズ対策事例」, 電磁環境工学情報 EMC, 2007年6月号
25) 安川電機編:「インバータドライブ技術—第3版」, 日刊工業新聞社, 2006年3月
26) 小笠原悟司, 藤田英明, 赤木泰文:「電圧型 PWM インバータが発生する高周波漏れ電流のモデリングと理論解析」, 電気学会論文誌 D, 第115巻, 第1号, 1995年1月
27) 大澤千春:「パワードライブシステムにおける EMC」, 電気学会産業応用部門大会, S8-3, 2001年
28) IEC 61000-4-5: 2005, "Electromagnetic compatibility (EMC) - Part 4-5: Testing and measurement techniques - Surge immunity test"
29) 井上博史:「IEC 61000-4-5 概要解説 電磁両立性 (EMC) —第4-5部:試験及び測定技術—サージイミュニティ試験」, 電磁環境工学情報 EMC, 2008年5月号
30) 大島正明:「トランスレス交直変換とコモンモードノイズ対策」, 電気学会産業応用部門大会, S8-3, 2001年
31) 大島正明, 冨永真志, 木全政弘:「ノイズフリーインバータの開発」, 電気学会産業応用部門大会, 1-112, 2006年
32) 大澤千春:「IEC 61800-3 Ed.2.0 概要解説 可変速電気駆動システム 第3部:EMC 要求事項および特定試験方法」, 電磁環境工学情報 EMC, 2006年11月号

第12章 パワエレ
パワーエレクトロニクスにおける EMC の勘どころ

＜(株)日立製作所　小林　清隆＞

1. はじめに

　地球温暖化の問題および資源枯渇の問題に直面する中で、省エネルギーを目的としたパワーエレクトロニクス（インバータ他）の適用拡大が進んでいる。エネルギー分野では、太陽光や風力などの自然エネルギーを電気エネルギーに変換する装置として、交通・産業分野では、自動車・電車、エレベーター、ファン・ポンプなどのモータを可変速する駆動装置として適用されている。また、身近な家電製品には、エアコン・冷蔵庫・洗濯機などに、インバータが数多く採用されている。重要なところに採用・適用されるため、故障・誤動作せず、その機能・性能を発揮することが重要である。

　インバータはノイズの発生源であるため、それ自体の信頼性確保だけではなく、周辺の電気・電子機器を誤動作させない十分な対策を実施しなければならない。制御回路は高速・低電力化のため、ディジタル化と低電圧化が進みノイズの影響を受けやすくなった。また、使用している電力変換素子は、効率向上（省エネルギー）のため動作速度が速くなり（電圧・電流変化が増大）、ノイズの発生量が大きくなっている。インバータの適用拡大とともに、ノイズ・EMC対策がこれまで以上に重要になっている。

2. ノイズ・EMCに関して

　電気・電子機器は、他の機器に何らかの電磁エネルギー（ノイズ：不必要な電気信号）を放射している。逆に、他の機器からもノイズを受けている。この状況・状態で正常に動作させなければならない。

　一般的には、他の機器にノイズによる悪影響を与えない対策をEMI（電磁妨害）対応、他の機器からノイズを受けても不具合を発生させないことをEMS（電磁耐性）、両立させることをEMC（電磁環境両立）と称している。

　図1に示すようにパワーエレクトロニクスの代表格であるインバー

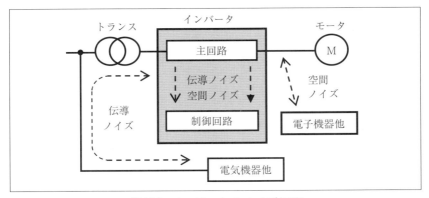

〔図1〕インバータのノイズ伝達

タは、ノイズ発生源である主回路と、ノイズの影響を受ける制御回路が共存した装置である。インバータの内外に対してEMCを確立させる必要がある。

3. ノイズの種類

図2はノイズを伝達経路で表わしたもので、伝導ノイズと空間ノイズの2つに大別できる。伝導ノイズは、ノーマルモードノイズとコモンモードノイズの2つに、空間ノイズは、静電誘導ノイズ・電磁誘導ノイズ・放射ノイズの3つに分類できる。

3-1 伝導ノイズ

信号線・電源線などを伝わる「不必要な電気信号」を伝導ノイズという。電気信号が伝わるモードは、2本の信号線間を往復して伝わるノーマルモードと、信号線をある方向に伝わり、共通のアース線（または、アース）を戻線にしているコモンモードの2つがある。ノイズの場合、それぞれをノーマルモードノイズ、コモンモードノイズという。また、必要な電気信号はノイズ耐量確保のため、ノーマルモードで伝達させる。

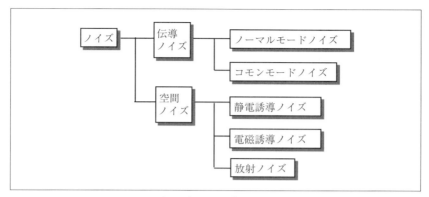

〔図2〕ノイズの分類

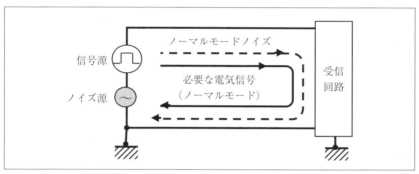

〔図3〕ノーマルモードノイズの伝わり方

3－1－1　ノーマルモードノイズと対策

　図3はノーマルモードノイズと必要な電気信号の伝わり方を示す。2つの信号は、同一モードのため、必要な電気信号にノイズが重畳する。2つの信号の周波数帯域が同じ場合、ノイズを分離することは困難であるが、周波数帯域が異なる場合には、ローパスフィルタなどでノイズを抑制・低減することができる（通常、ノイズのほうが周波数が高い）。

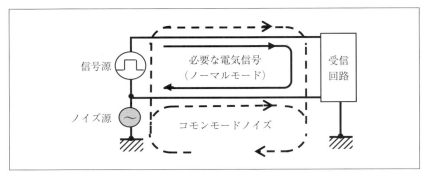

〔図4〕コモンモードノイズの伝わり方

3-1-2 コモンモードノイズと対策

図4はコモンモードノイズと必要な電気信号の伝わり方を示す。2つの信号は、モードが異なるため、必要な電気信号にノイズは重畳しない。

しかし、アース電位を変動させ受信回路を誤動作させたり、受信回路の入力インピーダンスの違いによりノーマルモードノイズに変換され必要な電気信号にノイズが重畳したりする場合がある。

コモンモードノイズの場合、周波数帯域に関係なく、伝わるモードの違いを利用して、ノイズを分離・低減することができる。例えば、コンデンサを回路に追加することにより、ノイズをアースにバイパスさせたり、伝達経路へコアを挿入しインピーダンスを高くすることで、ノイズを抑制・低減することができる。

3-2 空間ノイズ

空間を伝わる「不必要な電気信号」を空間ノイズという。図5に結合によるノイズ伝達を示す。主回路線と信号線を接近させて配線すると、配線間の浮遊容量Cと相互インダクタンスMが無視できなくなり、ノイズの伝達経路が形成される。

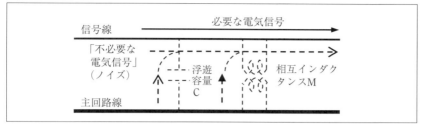

〔図5〕静電・電磁結合によるノイズ伝達

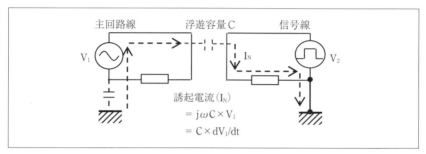

〔図6〕静電誘導ノイズと伝達経路

3－2－1 静電誘導ノイズと対策

　主回路線の電圧が変動すると配線間の浮遊容量Cを通り「不必要な電気信号」が信号線に伝わる。これを静電誘導ノイズという（図6）。

　下記に静電誘導ノイズの対策例を示す。

　①ノイズ源（主回路線）から信号線を離し、浮遊容量Cを小さくしてノイズを抑制・低減する。

　②信号線にシールド線（アース必須）を使用し浮遊容量Cを通るノイズをシールド線からアースにバイパスしてノイズを抑制・低減する。

3－2－2 電磁誘導ノイズと対策

　主回路線の電流が変化すると配線間の相互インダクタンスMを介し

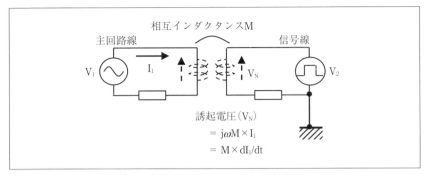

〔図7〕電磁誘導ノイズと伝達経路

て、「不必要な電気信号」が信号線に伝わる。これを電磁誘導ノイズという（図7）。

下記に電磁誘導ノイズの対策例を示す。

① ノイズ源から信号線を離し、相互インダクタンスMを小さくして、ノイズを抑制・低減する。

② 信号線にツイストペア線を使用し、誘起される電圧を打ち消して、ノイズを抑制・低減する（平行線では、打ち消す効果がない）。

3－2－3 放射ノイズと対策

インバータで発生したノイズが、外部主回路線などがアンテナとなり、インバータ外部の空間に放出される。これを放射ノイズという（図8）。

外部主回路線からの放射ノイズの対策例を示す。

① 浮遊容量Cを小さくしてコモンモードノイズを抑制・低減する（伝達経路の高インピーダンス化）

② 外部主回路線にシールド線を使用し、コモンモードノイズをシールド線から主回路に戻し、ループ面積を小さくする（ノイズの戻る経路を作る）。

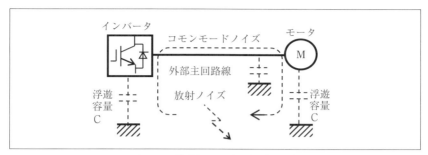

〔図8〕放射ノイズと伝達経路

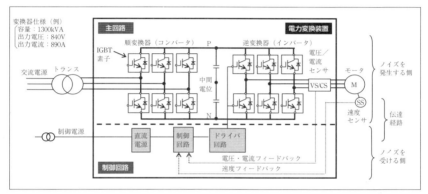

〔図9〕モータ駆動用電力変換装置

4. インバータのノイズ

図9はモータ駆動用電力変換装置の概略構成図である。交流電源を直流に変換する順変換器（コンバータ）と、直流を可変電圧・可変周波数に変換する逆変換器（インバータ）により、モータを駆動する（本図では、インバータの制御回路を記載）。IGBT素子のスイッチング（オン・オフ動作）が大きなノイズ発生源で、制御回路に悪影響を与える。

4-1 インバータの耐ノイズ設計手順

ノイズ・EMCなどと聞くと、いやなもの・対策が困難なものと直感

的に思ってしまう設計者が多い。確かに、発生した故障・誤動作が、ノイズによるものとなれば対策は困難な場合が多く、対策できたとしても、当初の設計からは想像もつかない製品になってしまうことがある。また、対策にかかる費用・期間も膨大なものになる。「ノイズもひとつの電気信号」と考え、製品の開発・モデルチェンジ時、設計の初期段階で耐ノイズ設計をすることが重要である。

次の対象順序でノイズ対策を実施する。
①インバータ内制御回路（雑音・誤動作・故障対策）
②インバータ周辺機器（雑音・誤動作・故障対策）
③EMC関係規格の遵守

図10はノイズ対策の具体的設計手順を示す。インバータの改造・再製などの後戻り作業を低減するため、インバータの製作前に耐ノイズ設計（シミュレーション検証）を必ず実施する。またノイズ試験は、設計値の検証（確認）とする。

4−2　インバータのノイズ対策

図11にノイズ発生源をIGBT素子と想定し、ノイズの伝達経路を見える化した例を2つ示す。
(1) ドライバ回路の誤動作：1−a)〜1−c)
　　IGBT素子と大地間の浮遊容量を想定し、ドライバ回路にコモンモードノイズが流れる伝達経路
(2) 周辺機器の誤動作：2−a)〜2−c)
　　モータと大地間の浮遊容量を想定し、インバータ−モータ間の外部主回路線にコモンモードノイズが流れる伝達経路

次に、インバータのノイズ低減対策方法を示す。
(1)「発生源」でのノイズ低減
　①スイッチングにともなうサージ電圧を抑制
　②スイッチングにともなう電気回路振動を抑制
(2)「影響を受ける回路」でのノイズ耐量向上
　①回路内伝達経路の高インピーダンス化

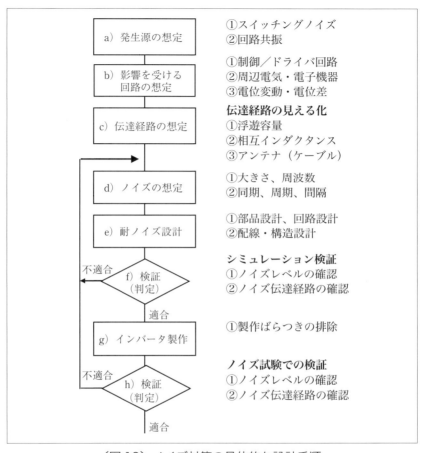

〔図10〕ノイズ対策の具体的な設計手順

　②ノイズのバイパス・吸収・反射
　③配線のノイズ耐量を高くする
　④影響を受ける回路・配線をノイズ源から分離
(3)「伝達経路」でのノイズ低減
　①伝達経路の高インピーダンス化
　②ノイズが流れる経路を確保
　ノイズによる誤動作・故障は、複数の要因により発生する場合が多

●第12章 パワーエレクトロニクスにおけるEMCの勘どころ

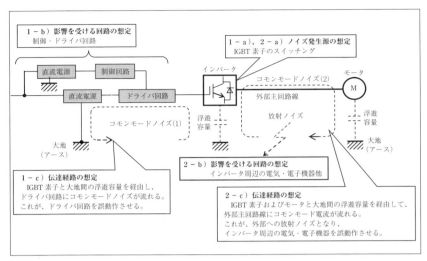

〔図11〕ノイズ伝達経路の見える化（可視化）

いため、ひとつの対策で完全ということが少ない。いろいろな対策を組み合わせて実施することが重要である。

次項に、ドライバ回路の誤動作に対する、具体的なノイズ対策例を示す。

5.「発生源」でのノイズ低減

5-1 スイッチングノイズ

図12に上アームIGBTと下アームFWDの電圧・電流波形を示す（回路は図13参照）。スイッチング（ターンオン、ターンオフ）により、急激な電圧・電流の変化が発生し、それ自体がノイズの発生源となっている。この電圧・電流の変化率は、素子固有のものであるため同一定格品（モデルチェンジ品含）でも個別にノイズ評価が必要になる。また、効率向上のためスイッチング速度が速くなり、制御・ドライバ回路には常に高いノイズ耐量が要求され続ける。

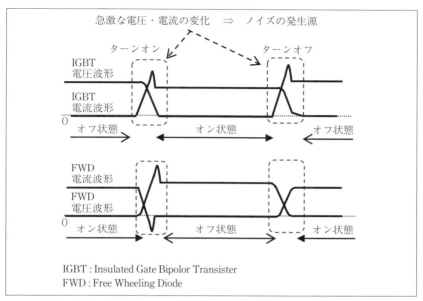

〔図12〕IGBT・FWDの電圧・電流波形

5-2　IGBTのターンオン

　図13にターンオン時の動作を示す。下アームのFWDに電流が流れている状態で、上アームのIGBTがターンオンすると、FWDにはリカバリ電流が流れ、その後、IGBT電流へと転流する。

　リカバリ電流とは、ダイオードの順方向に電流を流した後に逆電圧を印加すると、ダイオードの逆方向に流れる電流のことで、この変化が速いと回路インダクタンスによるサージ電圧がダイオードに印加する。

　このとき、素子特性・回路特性・温度・動作状態により、電圧・電流が大きく振動することがある。これをリンギング現象と呼び、大きなノイズ発生源となっている。特に、ダイオードの電流が小さく、通流時間が短い時に顕著に発生する。

　サージ電圧抑制のため、主回路のラミネート化・最短化による回路

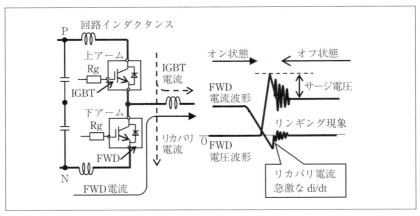

〔図13〕ターンオン時の動作とFWDのリンギング

インダクタンスの低減、およびスナバ回路による振動抑制を必要に応じて実施している。

また、IGBT素子を駆動するゲート抵抗（Rg）が小さいとターンオンが速くなる傾向があり、リンギング現象が発生する危険性が高くなる。最近のFWDは、ソフトリカバリ特性になっているが、ターンオンのゲート抵抗（Rg）を適正に大きくして耐ノイズ性を確保している。

5－3　IGBTのターンオフ

ターンオフ時、IGBTが電流を遮断すると、回路インダクタンスの影響により、IGBTにサージ電圧が印加する。サージ電圧を抑制するため、CRD型スナバ回路を採用した場合は、スナバダイオードのリンギング現象、およびスナバ回路のインダクタンスに注意（対策）する必要がある。

6.「影響を受ける回路」のノイズ耐量向上

図14はドライバ回路図である。電源回路とパルス受信回路とで構成し、IGBT素子にゲート信号を与える。主回路近くに実装され、

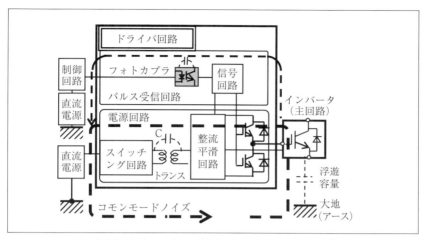

〔図14〕ドライバ回路とコモンモードノイズ

IGBT素子と電気的に接続されているため、スイッチングノイズの悪影響を受けやすい。

6－1 電源回路

主回路と直流電源は、ドライバ電源回路内のトランスにより電気的に絶縁している。しかし、トランス内部には浮遊容量が存在し、IGBT素子スイッチングの電圧変化により、コモンモードノイズが流れる伝達経路をつくる。このため、トランスの浮遊容量を小さくしたり、ノイズフィルタを実装し、コモンモードノイズを低減しなければならない。

$$\begin{cases} \text{コモンモードノイズ（具体例）} \\ = \text{浮遊容量 C} \times \text{電圧変化 (dV/dt)} \\ = 20\text{pF} \times 3000\text{V}/1\mu\text{s} \\ = 6\text{ mA} \end{cases}$$

また、回路内のアース電位が変動し、パルス受信回路が誤動作する危険性があるため、電源回路（強電）から受信回路（弱電）を分離し、ノイズ耐量を向上させる必要がある。

6－2　パルス受信回路

　主回路と制御回路は、受信回路内のフォトカプラにより電気的に絶縁している。フォトカプラにも浮遊容量が存在し、コモンモードノイズが流れる伝達経路をつくる。この浮遊容量は小さいが、信号回路および制御回路が誤動作する危険性は残る。特に、フォトカプラの誤動作には注意が必要である。ノイズ耐量があるフォトカプラを選定することは当然であるが、周辺コンデンサの取付けおよびアースの強化などのノイズ対策も忘れてはいけない。

　また、ドライバ回路―制御回路間に光ケーブルと光通信モジュールを採用すれば、ノイズ伝達経路は電気的に絶縁されノイズ耐量は向上する。

　光通信モジュールに十分なノイズ耐量があることが前提ではあるが、内部信号が微小電流で動作しているため、電源回路から受信回路を分離し、アース電位変動を抑制する対策、および金属遮蔽などによる空間ノイズの対策も必須となる。

6－3　ドライバ回路のノイズ対策

　ドライバ回路は、ノイズで誤動作するとインバータ回路に深刻なダメージを与えるため、ノイズ対策は特に重要であり、伝導ノイズ・空間ノイズの両方の対策を実施する必要がある。

　①部品の浮遊容量を可能な限り小さくする
　　（トランスは、浮遊容量を指定して製作必要）
　②コモンモードノイズフィルタを実装する
　③光通信モジュールの採用と金属遮蔽
　④ドライバ基板の多層化
　⑤受信回路（弱電）と電源回路（強電）の分離実装

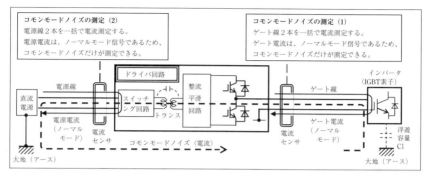

〔図15〕IGBT素子スイッチングによるコモンモードノイズの経路

7.「伝達経路」でのノイズ低減

図15にIGBT素子スイッチングの電圧変化によるコモンモードノイズ（電流）の伝達経路を想定する。この場合、IGBT素子（ノイズ発生源）—ゲート線—ドライバ回路—電源線—直流電源—大地（アース）—浮遊容量C1の伝達経路でコモンモードノイズが流れ、ドライバ回路が誤動作し、インバータを故障および誤動作させる。

次の方法により、伝達経路のインピーダンスを高くし、コモンモードノイズを抑制する。

①IGBT素子と大地間の高インピーダンス化
②直流電源と大地間の高インピーダンス化
③ゲート線・電源線での高インピーダンス化

7－1　IGBT素子での高インピーダンス化

図16はモジュール型IGBT素子の一般的な内部構造（概念図）である。素子内部の半導体チップおよび主回路電極と、ベースプレート（冷却板）との間に実装されている絶縁基板により電気絶縁を確保している。また、ヒートシンクはインバータの筐体に取り付け大地電位にしている。IGBT素子内には、絶縁基板を誘電体$\varepsilon 1$とする浮遊容量C1が存在するため、素子スイッチングによる電圧変化によるコモンモー

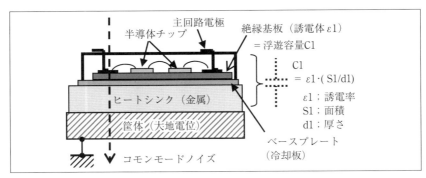

〔図16〕IGBT素子の内部構造

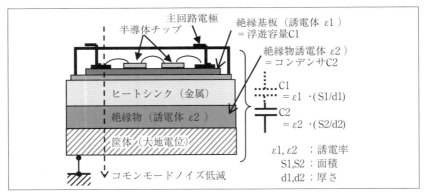

〔図17〕IGBT素子でのノイズ低減方法

ドノイズの流れる伝達経路となる。

　図17にコモンモードノイズ低減方法を示す。コモンモードノイズを低減するためには、素子内の浮遊容量C1を見かけ上小さくし、伝達経路のインピーダンスを高くする必要がある。例えば、ヒートシンクと筐体間に絶縁物（誘電体ε_2）を挿入し、そこにできるコンデンサC2とIGBT素子内の浮遊容量C1を直列にすることで、伝達経路のインピーダンスを高くすることができる。C1≫C2のとき、合成のコンデンサ容量C=C1//C2≒C2となる。

　このように、コンデンサC2のインピーダンスが伝達経路で支配的

になるように絶縁物を選ぶとコモンモードノイズの抑制が可能となる。
　しかしながら、ヒートシンクは浮遊電位となり、ある電位に充電される。絶縁距離が十分にないと放電が発生し、ドライバー回路が誤動作する危険性がある。このため、ヒートシンクの電位は主回路の中間電位に固定する必要がある（図9参照。電位固定は、P電位などでもよいが、シンメトリーを推奨）。

7-2　直流電源での高インピーダンス化

　図18は直流電源の内部構造の概念図である。
　直流電源はドライバ回路の電源として使用されている。直流電源の出力側が電源のフレームにコンデンサC3で接続し、フレームは大地電位にしている。このため、このコンデンサC3を伝達経路としてノイズが流れる。
　IGBT素子の場合と同じように絶縁物を直流電源フレームと筐体（大地電位）の間に挿入し、伝送経路のインピーダンスを高くすればコモンモードノイズの抑制が可能となる。

7-3　ゲート線・電源線での高インピーダンス化

　ドライバ回路を流れるコモンモードノイズ（電流）は、ゲート線と電源線を通り流れるため、そのインピーダンスを高くすれば、コモン

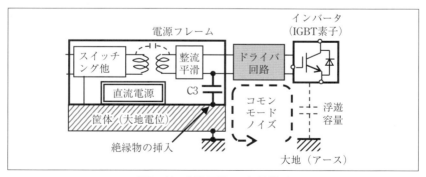

〔図18〕直流電源の内部構造

モードノイズは抑制・低減できる。

　ここでは、コアにゲート線を2本一括して同じ方向に巻き付けることを考える。ゲート電流は、ゲート線を往復するため、発生する磁束を打ち消しコア巻き付けの影響がでない。一方、コモンモードノイズ（電流）は同一方向に流れ、磁束が打ち消されないため、ゲート線のインピーダンスが高くなり、ノイズの抑制・低減が期待できる。コアの巻き付け回数と取付け個数の効果を比べると、コアが飽和しなければ、巻き付け回数を増やすほうが効果がある。また、同じ伝達経路の電源線（電源電流は、ノーマルモード）への巻き付けも同等の効果が期待できる。

　本来、ドライバ回路にコモンモードフィルタを実装し、ノイズ対策を実施すべきであるが、製品の稼働後にノイズ耐量を向上させたい場合にはコア巻き付けによる本対策が有用である。

7−4　コモンモードノイズの測定

　図15にコモンモードノイズ（電流）の測定方法を示す。ゲート線（または、電源線）を2本一括して電流測定すると、コモンモードノイズだけが検出される（7−3のコア巻き付け効果と同じ原理）。

　ドライバ回路の誤動作が発生した時、パルス指令信号が正常であれば、まず、コモンモードノイズを測定する。ノイズが観測されれば、大きさ・周波数および発生タイミング（何に同期、間隔）の数値化と、図10、図11のノイズ伝達経路の見える化を実施し、対策場所および対策方法を決定する。

8. ノイズ耐量の向上

　以上、ノイズ対策の実施例を述べてきたが、インバータ盤の据付・配線工事などを含め実用面で留意することを下記に示す。

8－1　接地極と接地配線

電気設備基準に接地工事の種類が記載されている。
以下に、関係が深い内容を抜粋した。
(1) A種接地工事（接地抵抗10Ω以下）
　　高圧または特別高圧機器を対象に実施
(2) B種接地工事
　　トランスの混触防止板・低圧側の中性点に実施
(3) C種接地工事（接地抵抗10Ω以下）
　　300V以上の低圧機器を対象に実施
(4) D種接地工事（接地抵抗100Ω以下）
　　300V以下の低圧機器を対象に実施

図19は高圧インバータの接地例を示す。

ここでは、A種・B種は安全を確保する高電圧の接地、C種は制御回路を安定に動作させる弱電回路の接地（システムの基準電位）としている。可能な限りインバータの筐体にノイズが流れないような接地線の接続にし、各接地極の間隔は15m以上で専用の接地極を設けて

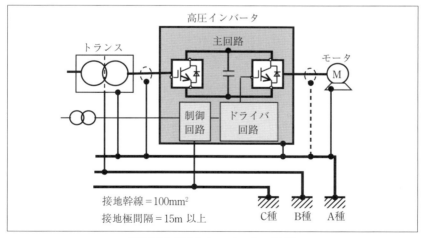

〔図19〕高圧インバータの接地

また、ノイズの侵入による制御回路の誤動作を防止するため、インバータ盤の内外配線は、A・B種接地線からC種接地線を分離している。
　大地電位からの変動を抑制するため、幹線接地線までの配線長、および配線の断面積を考慮し接地線のインピーダンスを低くする。
　下記に高圧インバータの接地線断面積の例を示す。
　①各種幹線接地電線は、100mm^2
　②A種とB種の引き込み電線は、100mm^2
　③C種の引き込み電線は、38mm^2
　ノイズ不具合が発生した場合は、最初に接地関係を確認している。接地が不完全・不十分なとき、コモンモードノイズによる不具合が発生しやすい。特に、他機器と非絶縁の信号リンケージ線がある場合、システム基準電位の差により、コモンモードノイズが流れる。

8－2　インバータの内外配線

　配線関係でのノイズ対策を示す。
①インバータ内外の配線は、信号レベルごとに分離する。例えば、ダクト・ラックなどを使い、主回路線・電源線・制御信号線・リレー線などがそれぞれ物理的に接近しないように分離している。
②設計およびモデル配線で適正な配線長を決定する。ダクト・ラック内で余った配線が束になっていると、そこがノイズに弱くなりノイズが侵入する。
③筐体に流れているノイズの影響を低減するため、配線はインバータの筐体から一定距離を離す。
④信号線自体のノイズ耐量を向上させるため、信号線はツイストペアシールド線を採用する。

8－3　金属の電位固定

　高圧インバータでは、制御・ドライバ回路周辺の金属は、電位固定が必須である。浮遊電位の金属は、電圧変動により電荷をもち、その

エネルギーが制御・ドライバ回路に放電し、誤動作する危険性がある。放電による誤動作は、規則性がないため、原因究明に時間を要する。このため、構造設計段階で浮遊電位の金属がないようにしなければならない。電位固定できない場合は、十分な絶縁距離の確保が必要である。

8-4 部分放電

　高圧インバータでは、部分放電が発生しないようにしなければならない。部分放電とは、絶縁材料内部にボイド（空隙）や金属—絶縁物間に隙間がある場合、そこにある電圧が印加されると空隙・隙間の絶縁が破壊されて放電が起こる現象である。使用している高圧電気部品のほとんどすべてが関係し、電圧が高くなるほど発生する頻度が高い。放電のエネルネルギーは低いが、それが必要な電気信号にノイズとして重畳する危険性が残る。部品設計時には、実際の使用電圧を十分把握し、部分放電が発生しないように部分放電開始電圧の仕様を決定する。

　ノイズ・EMC問題ではないが、部分放電の一番大きな問題は、絶縁物が劣化し電気部品が絶縁破壊することである。

9. おわりに

　耐ノイズ性向上の設計手順および対策方法を述べたが、基本的な原理を十分に理解したうえで、シミュレーション技術を有効に活用して欲しい。

　また、製品の稼働状態でノイズが原因と思われる誤動作が発生したとき、何から取り掛かったらよいか迷うことがあるかもしれない。ノイズ誤動作は、複数の要因で発生していることが多いので、ノイズの種類と特質を分析、および発生メカニズムを追求して問題を解決して欲しい。ここであげた対策事例がノイズ対策に役立てば幸いである。

　最後に繰り返すが、下記を十分に認識して耐ノイズ設計に従事して欲しい。

① 「ノイズもひとつの電気信号」と考え、初期段階で耐ノイズ設計を実施すること。
② インバータの製作前にシミュレーションなどで検証すること。
③ ノイズによる誤動作・故障は、複数の要因により発生する場合が多い。いろいろな方法を組み合わせて対策すること。

●参考文献

1) 「インバータの上手な使い方（電気ノイズ予防策について）」, 社団法人 日本電機工業会（JEMA），平成20年12月
2) 「高圧インバータ使用ケーブルに関する調査報告」，社団法人 日本電機工業会（JEMA），高圧インバータケーブルのEMC対策技術WG，2005年1月27日
3) 社団法人 電子情報技術産業協会（JEITA），電子情報技術産業協会規格，情報システム部会 産業用情報処理・制御機器，設置環境基準改定WG，産業用情報処理・制御機器設置環境基準，JEITA IT-1004

● ISBN 978-4-904774-07-6　（一社）電気学会／電気電子機器のノイズイミュニティ調査専門委員会

電気学会編 ノイズ耐性試験・計測ハンドブック

本体 7,400 円＋税

1章　電気電子機器を取り巻く電磁環境と EMC 規格
- 1.1　電気電子機器を取り巻く電磁環境と EMC 問題
- 1.2　電気電子機器に関連する EMC 国際標準化組織
- 1.3　EMC 国際規格の種類
- 1.4　EMC 国内規格と規制

2章　用語・電磁環境とイミュニティ共通規格
- 2.1　イミュニティに対する基本概念（IEC 61000-1-1）
- 2.2　機能安全と EMC（IEC 61000-1-2）
- 2.3　測定不確かさ（MU）に対する概略ガイド（IEC 61000-1-6）
- 2.4　電磁環境の実態（IEC 61000-2-3）
- 2.5　電磁環境分類（IEC 61000-2-5）
- 2.6　イミュニティ共通規格
　　（JIS C 61000-6-1，JIS C 61000-6-2，IEC 61000-6-5）
- 2.7　EMC 用語（JIS C 60050-161）

3章　イミュニティ試験規格
- 3.1　SC77A の取り組み
- 3.2　SC77B の取り組み
- 3.3　イミュニティ試験規格の適用方法（IEC 61000-4-1）
- 3.4　静電気放電イミュニティ試験（JIS C 61000-4-2）
- 3.5　放射無線周波電磁界イミュニティ試験（JIS C 61000-4-3）
- 3.6　電気的ファストトランジェント／バーストイミュニティ試験（JIS C 61000-4-4）
- 3.7　サージイミュニティ試験（JIS C 61000-4-5）
- 3.8　無線周波電磁界によって誘導する伝導妨害に対するイミュニティ（JIS C 61000-4-6）
- 3.9　電源周波数磁界イミュニティ試験（JIS C 61000-4-8）
- 3.10　パルス磁界イミュニティ試験（IEC 61000-4-9）
- 3.11　減衰振動磁界イミュニティ試験（IEC 61000-4-10）
- 3.12　電圧ディップ，短時間停電及び電圧変化に対するイミュニティ試験（JIS C 61000-4-11）
- 3.13　リング波イミュニティ試験（IEC 61000-4-12）
- 3.14　電圧変動イミュニティ試験（JIS C 61000-4-14）
- 3.15　直流から 150kHz までの伝導コモンモード妨害に対するイミュニティ試験（JIS C 61000-4-16）
- 3.16　直流入力電源端子におけるリプルに対するイミュニティ試験（JIS C 61000-4-17）
- 3.17　減衰振動波イミュニティ試験（JIS C 61000-4-18）
- 3.18　TEM（横方向電磁界）導波管のエミッション及びイミュニティ試験（JIS C 61000-4-20）
- 3.19　反射箱試験法（IEC 61000-4-21）
- 3.20　完全無響室（FAR）における放射エミッションおよびイミュニティ測定（IEC 61000-4-22）

4章　情報技術装置・マルチメディア機器のイミュニティ
- 4.1　CISPR/SC-I の取り組み
- 4.2　情報技術装置のイミュニティ規格（CISPR24）
- 4.3　マルチメディア機器のイミュニティ規格（CISPR35）

5章　通信装置のイミュニティ・過電圧防護・安全に関する勧告
- 5.1　ITU-T/SG5 の取り組み
- 5.2　イミュニティに関する勧告
- 5.2.1　通信装置のイミュニティ要求（K.43）
- 5.2.2　各電気通信装置の製品群 EMC 要求（K.48）
- 5.3　通信装置の過電圧防護・安全・接地に関する勧告
- 5.3.1　通信センタ内の接地構成法に関する勧告（K.27, K.66, K.71）
- 5.3.2　通信装置の過電圧防護の勧告（K.20, K.21, K.44, K.45）
- 5.3.3　通信装置の電気安全の勧告（K.50, K.51）
- 5.3.4　コロケーションにおける電気通信設備設置要求（K.58）
- 5.3.5　アンボンドルされた通信ケーブルへの接続に関する要求（K.59）
- 5.4　電磁波セキュリティに関する勧告
- 5.4.1　高々度核電磁パルス（HEMP）に対する要求（K.78）
- 5.4.2　高出力電磁界（HPEM）および意図的 EMC 故障（IEMI）に対する要求（K.81）
- 5.4.3　電磁波セキュリティ要求の適用ガイド（K.87）
- 5.4.4　電磁波による情報漏洩に対する試験方法とガイド（K.84）
- 5.5　通信システムに対するイミュニティ対策
- 5.5.1　通信設備のイミュニティ対策法
- 5.5.2　無線 LAN における電波干渉測定法
- 5.5.3　電力線通信システムのイミュニティ対策法
- 5.6　通信システムに対する雷害観測・対策
- 5.6.1　通信機器の雷害対策法
- 5.6.2　デジタル加入者回線における雷害対策法
- 5.6.3　通信センタービルにおける雷観測システム
- 5.6.4　通信センタービルの雷害対策法

6章　家庭用電気機器等のイミュニティ・安全性
- 6.1　イミュニティに関する規格
- 6.1.1　CISPR/SC-F の取り組み
- 6.1.2　家庭用電気機器のイミュニティ規格（CISPR14-2）
- 6.2　安全に関する規格
- 6.2.1　TC61 の取り組み
- 6.2.2　家庭用電気機器等の安全規格（JIS C 9335-1）

7章　工業プロセス計測制御機器のイミュニティ
- 7.1　SC65A の取り組み
- 7.2　計測・制御及び試験室使用の電気機器 – 電磁両立性（EMC）要求（JIS C 1806-1 及び JIS C 61326 原案）
- 7.3　安全機能を司る機器の電磁両立性（EMC）要求（JIS C 61326-3-1 原案）

8章　医療機器のイミュニティ
- 8.1　SC62A の取り組み
- 8.2　医療機器のイミュニティ規格（IEC 60601-1-2）（JIS T 0601-1-2 に見直す予定）
- 8.3　医療機器をとりまく各種規制・制度（薬事法・電波法・計量法・FDA・MDD）
- 8.4　携帯電話機器及び各種電波発射源からの医療機器への影響

9章　パワーエレクトロニクスのイミュニティ
- 9.1　TC22 の取り組み
- 9.2　無停電電源装置（UPS）の EMC 規格（JIS C 4411-2）
- 9.3　可変速駆動システム（PDS）EMC 規格（JIS C 4421）
- 9.4　障害事例と対策法

10章　EMC 設計・対策法
- 10.1　EMC 設計基礎
- 10.2　プリント基板の EMC 設計
- 10.3　システムの EMC 設計

11章　高電磁界（HPEM）過渡現象に対するイミュニティ
- 11.1　SC77C の取り組み
- 11.2　SC77C が作成する規格の概要
- 11.3　高々度核電磁パルス（HEMP）環境の記述－放射妨害（TR C 0030）
- 11.4　HEMP 環境の記述－伝導妨害（TR C 0031）
- 11.5　民生システムに対する高電磁界（HPEM）効果（IEC 61000-1-5）
- 11.6　筐体による保護の程度（EM コード）（IEC 61000-5-7）
- 11.7　屋内機器の HEMP イミュニティ対する共通規格（IEC 61000-6-6）

発行／科学情報出版（株）

● ISBN 978-4-904774-08-3

兵庫県立大学　畠山　賢一
広島大学　　　蔦岡　孝則　著
日本大学　　　三枝　健二

設計技術シリーズ

初めて学ぶ電磁遮へい講座

本体3,300円+税

第1章　電磁遮へい技術の概要
1.1　電磁遮へいについて
1.2　遮へい材の効果とその評価法
1.3　遮へい材料，遮へい手法

第2章　伝送線路と電磁遮へい
2.1　平面波の伝搬
2.2　4端子回路網の導入および透過係数と遮へい効果
　2.2.1　平面波の伝搬と伝送線路
　2.2.2　入力インピーダンス，反射係数，透過係数，および遮へい効果
2.3　斜め入射の取り扱い
　2.3.1　斜め入射とスネルの法則，偏波
　2.3.2　TM 入射
　2.3.3　TE 入射
　2.3.4　ブリュースター角と反射・透過特性
2.4　損失材料
　2.4.1　複素誘電率，複素透磁率
　2.4.2　導電材料
2.5　遮へい特性の近似式，導電材料の遮へい特性
　2.5.1　低周波帯の近似式
　2.5.2　高周波帯の近似式
　2.5.3　導電材平板の遮へい特性
　2.5.4　導電率が周波数によって変化する場合の等価回路
　2.5.5　積層構造の遮へい特性
2.6　チョーク構造による遮へい
2.7　空間の遮へいと筐体隙間の遮へい

第3章　遠方界と近傍界の遮へい
3.1　遠方界と近傍界
3.2　近傍界の遮へい効果
　3.2.1　伝送線路方程式を用いた近傍界の遮へい効果
　3.2.2　伝送線路方程式の近似式による遮へい効果
　3.2.3　伝送線路方程式を用いた計算の有効性
3.3　近傍界・遠方界の遮へい量相互の関係

第4章　遮へい材料とその応用
4.1　磁性材料
　4.1.1　磁性体の基礎物性
　4.1.2　強磁性体の静的磁化過程
　4.1.3　磁性材料の高周波磁気特性
　4.1.4　磁性材料を用いる電磁遮へい
　　4.1.4.1　コモンモードチョークコイル
　　4.1.4.2　磁性体を用いるチョーク構造遮へい法
4.2　複素透磁率の周波数分散機構と透磁率スペクトルの解析 (アドバンストセクション)
　4.2.1　磁壁共鳴による透磁率の周波数分散
　4.2.2　ジャイロ磁気共鳴による透磁率の周波数分散
　4.2.3　磁化回転による透磁率の緩和型周波数分散
　4.2.4　複素透磁率スペクトルの解析
4.3　複合材料
　4.3.1　フェライト複合材料
　4.3.2　金属粒子複合材料
　4.3.3　磁性金属粒子複合材料
　4.3.4　複合材料における混合則
4.4　人工材料を用いる電磁遮へい
　4.4.1　人工材料
　4.4.2　人工材料と電波伝搬
　4.4.3　金属配列材を利用する遮へい材
4.5　金属の高周波物性と人工材料の開発 (アドバンストセクション)
　4.5.1　伝導電子のプラズマ振動と金属の誘電率
　4.5.2　低周波プラズマ振動と人工材料の開発
　　4.5.2.1　複合構造を用いた電気・磁気プラズマ
　　4.5.2.2　低周波プラズマ構造を用いた人工材料

第5章　導波管の遮断状態を利用する電磁遮へい
5.1　遮断状態，遮断周波数
5.2　導波管の遮断状態を利用する遮へい例

第6章　開口部の遮へい
6.1　円形開口部の遮へい
6.2　方形開口部の遮へい
6.3　銅板上に設けた方形開口部の遮へい特性例

第7章　遮へい材料評価法
7.1　遮へい材料の性能評価測定
7.2　種々の測定法
　7.2.1　板状遮へい材評価法
　　7.2.1.1　同軸管法
　　7.2.1.2　フランジ型同軸管法
　　7.2.1.3　KEC 法
　　7.2.1.4　MIL-STD-285 準拠法
　　7.2.1.5　遮へい衝立を用いる方法
　　7.2.1.6　送受信アンテナを電波暗箱内にいれて対向させたマイクロ波帯評価法
　　7.2.1.7　パラボラ反射鏡を用いるミリ波帯評価法
　　7.2.1.8　球形チャンバー法
　7.2.2　隙間用遮へい材評価法
　　7.2.2.1　遮へい用Oリングの評価法
　　7.2.2.2　誘電体導波路を用いるミリ波帯評価法

第8章　遮へい技術の現状と課題
8.1　遮へい手法のまとめ
8.2　複数の漏洩源がある場合の取り扱い
8.3　遮へい手法の課題
8.4　遮へい材料と課題
8.5　遮へい材料評価法の課題

付録
A1　マクスウェル方程式と平面波
A2　伝送線路
A3　ポインティング電力
A4　伝送線路基礎行列表示の近似式
A5　スネルの法則
A6　磁気共鳴と磁気緩和による複素透磁率の周波数分散式
A7　磁気回路モデルを用いた磁性複合材料の複素透磁率スペクトル解析
A8　クラウジウス‐モソッティの関係式と混合則
A9　伝導電子のプラズマ振動
A10　金属の誘電率

発行／科学情報出版（株）

● ISBN 978-4-904774-29-8　　東北大学名誉教授　髙木 相　監修

設計技術シリーズ

EMC原理と技術
―製品設計とノイズ／EMCへの知見

本体 3,600 円＋税

序文
I. 総論
I-1　測定の科学と EMI/EMC
　EMI/EMC
　1. 測定は科学の基礎／2. 測定標準／3.EMI/EMC 測定す／4.EMI/EMC 測定の特殊性／5.EMI/EMC の標準測定の問題／6. おわりに

II. 線路
II-1　電磁気と回路と EMC －コモン・モード電流の発生－
　1. はじめに／2. 信号の伝送／3. コモン・モード伝送／4. 大地上の結合線路／5. 結合 2 本線路／6. 各種の給電方法とモード電圧／7. 結び
II-2　線路と EMI/EMC(I) 線路と電磁界
　1. 線路が作る電磁界／2. 結合 2 本線路
II-3　線路と EMI/EMC(II) 中波放送波の線路への電磁結合を例に
　1. はじめに／2. 誘導電圧の計算方法／3. 計算値と測定値の比較／4. 計算結果から推定される誘導機構の特徴／5. 誘導電圧推定のための実験式／6. 誘導電圧特性の把握による伝導ノイズ印加試験方法への反映
II-4　線路と EMI/EMC(III) 線路と雷サージ　雷放電によるケーブルへの誘導機構とその特性
　1. まえがき／2. 雷放電による障害／3. 雷サージを考えた基礎的事項／4. 誘導雷サージの計算方法／5. むすび

III. プリント配線板
III-1　プリント配線板の電気的特性の測定
　1. プリント配線板／2. プリント配線板の伝送特性の簡易測定／3. 反射およびクロストークの測定とシミュレーションとの比較／4. おわりに
III-2　プリント配線板と EMC
　1. はじめに／2. プリント回路基板の機能設計と EMC 設計／3. 信号系の EMC 設計：コモンモードの発生の制御／4. バイパスとデカップリング／5. 多層 PCB の電源・GND 系の設計／6. まとめ

IV. 放電（電気接点と静電気）
IV-1　誘導性負荷接点回路の放電波形
　1. はじめに／2. 接点間隔と放電の条件／3. 接点間放電ノイズ波形の基本原理と波形／4. 接点表面形状の変化および接点の動作速度と放電波形の関係／5. おわりに
IV-2　電気接点放電からの放電性電磁波
　1. まえがき／2. 回路電流と放電モードとの関係／3. 放電雑音／4. 誘導雑音／5. むすび
IV-3　電気接点の放電周波数スペクトル
　1. まえがき／2. スイッチ開離時／3. スイッチ閉成時／4. まとめ
IV-4　電気接点の放電ノイズと接点表面
　1. はじめに／2. 電気接点開離時のアーク放電による電磁ノイズと電気接点表面変化／3. 散発的バーストノイズと電気接点表面変化との関連性／4. 散発的バーストノイズ発生の抑制／5. まとめ
IV-5　電気接点アーク放電ノイズと複合ノイズ発生器
　1. まえがき／2. 電気接点開離時のアーク放電と誘電ノイズ／3. 誘導雑音の定量的な計測の方法／4. 開離時アーク放電中のノイズの統計的性質の計測例／5. ノイズ波形のシミュレータ（CNG）とその応用／6. あとがき
IV-6　静電気放電の発生電磁界とそれが引き起こす特異現象
　1. はじめに／2.ESD 現象を捉える／3. 界の特異性を調べる／4. 界レベルを予測する／5. おわりに

V. 電波
V-1　電波の放射メカニズム
　1. まえがき／2. 電波の放射源／3. 等価定理／4. 放射しやすい条件／5. むすび
V-2　アンテナ係数と EMI 測定
　1. 電磁界測定におけるアンテナの特性／2. アンテナ特性の測定法／3.EMI 測定とアンテナの特性
V-3　EMI 測定と測定サイトの特性評価法
　1. 電磁妨害波の測定法／2. 伝送妨害波の測定法と測定環境／3. 放射妨害波の測定法と測定サイト（30MHz-1000MHz）／4.1GHz-18GHz 用測定サイトの特性評価法
V-4　低周波からミリ波までの電磁遮蔽技術
　1. はじめに／2. 電磁遮蔽材の種類と特性／3. 遮蔽材の使用に関する 2,3 の注意点／4. 遮蔽材,遮蔽手法の紹介／5. おわりに
V-5　電磁界分布の測定
　1. 序
　2. 強度分布
　3. 瞬時分布
V-6　電波散乱・吸収と EMI/EMC
　電波吸収材とその設計と測定（I）
　1. はじめに／2. 概要／3. 設計（I）／4. 評価法／5. 各種電波吸収体／6. おわりに
　電波吸収材とその設計と測定（II）－磁性電波吸収体－
　1. はじめに／2. 電波吸収体の分類／3. 磁性電波吸収体の構成原理／4. フェライトの複素透磁率／5. 整合条件／6. 電波吸収体としてのフェライト
　電波無響室と EMI/EMC
　1. まえがき／2. 今までの電波吸収材／3. 発砲フェライト電波吸収材／4. ピラミッドフェライト電波吸収材とそれを用いた電波無響室の特性／5. ピラミッドフェライト電波吸収体を用い既設簡易電波無響室のリフォーム

VI. 生体と EMC
VI-1　生体と電波
　1. まえがき／2. 電磁波のバイオエフェクト／3. 電波の発熱作用と安全基準／4. 携帯電話に対するドシメトリ／5. むすび
VI-2　ハイパーサーミア
　1. まえがき
　2. 温熱療法の作用機序
　3. 加熱原理と主なアプリケータ
　4. 温度計測法
　5. むすび
VI-3　高周波電磁界の生体安全性研究の最新動向(I) 疫学研究
　1. はじめに／2. インターフォン研究／3. 聴神経腫に関する研究／4. 脳腫瘍（神経膠腫、髄膜腫）に関する研究／5. 曝露評価／6. 選択バイアス／7. インターフォン研究以外の研究／8. むすび
VI-4　高周波電磁界の生体安全性研究の最新動向(II) 実験研究
　1. はじめに／2. ボランティア被験者による研究／3. 動物実験／4. 細胞実験／5. むすび

発行／科学情報出版（株）

●ISBN 978-4-904774-14-4

島根大学　山本 真義　著
島根県産業技術センター　川島 崇宏

設計技術シリーズ

パワーエレクトロニクス回路における小型・高効率設計法

本体 3,200 円+税

第1章　パワーエレクトロニクス回路技術
1. はじめに
2. パワーエレクトロニクス技術の要素
   2−1　昇圧チョッパの基本動作
   2−2　PWM 信号の発生方法
   2−3　三角波発生回路
   2−4　昇圧チョッパの要素技術
3. 本書の基本構成
4. おわりに

第2章　磁気回路と磁気回路モデルを用いたインダクタ設計法
1. はじめに
2. 磁気回路
3. 昇圧チョッパにおける磁気回路を用いたインダクタ設計法

第3章　昇圧チョッパにおけるインダクタ小型化手法
1. はじめに
2. チョッパと多相化技術
3. インダクタサイズの決定因子
4. 特性解析と相対比較（マルチフェーズ v.s. トランスリンク）
   4−1　直流成分磁束解析
   4−2　交流成分磁束解析
   4−3　電流リプル解析
   4−4　磁束最大値比較
5. 設計と実機動作確認
   5−1　結合インダクタ設計
   5−2　動作確認
6. まとめ

第4章　トランスリンク方式の高性能化に向けた磁気構造設計法
1. はじめに
2. 従来の結合インダクタ構造の問題点
3. 結合度が上昇しない原因調査
   3−1　電磁界シミュレータによる調査
   3−2　フリンジング磁束と結合度飽和の理論的解析
   3−3　高い結合度を実現可能な磁気構造（提案方式）
4. 電磁気における特性解析

5. 磁気回路モデルを用いた解析
   4−1　提案磁気構造の磁気回路モデル
   4−2　直流磁束解析
   4−3　交流磁束解析
   4−4　インダクタリプル電流の解析
5. E-I-E コア構造における各脚部断面積と磁束の関係
6. 提案コア構造における設計法
7. 実機動作確認
8. まとめ

第5章　小型化を実現可能な多相化コンバータの制御系設計法
1. はじめに
2. 制御系設計の必要性
3. マルチフェーズ方式トランスリンク昇圧チョッパの制御系設計
4. トランスリンク昇圧チョッパにおけるパワー回路部のモデリング
   4−1　Mode の定義
   4−2　Mode 1 の状態方程式
   4−3　Mode 2 の状態方程式
   4−4　Mode 3 の状態方程式
   4−5　状態平均化法の適用
   4−6　周波数特性の整合性の確認
5. 制御対象の周波数特性導出と設計
6. 実機動作確認
   6−1　定常動作確認
   6−2　負荷変動応答確認
7. まとめ

第6章　多相化コンバータに対するディジタル設計手法
1. はじめに
2. トランスリンク方式におけるディジタル制御系設計
3. 双一次変換法によるディジタル再設計法
4. 実機動作確認
5. まとめ

第7章　パワーエレクトロニクス回路におけるダイオードのリカバリ現象に対する対策
1. はじめに
2. P-N 接合ダイオードのリカバリ現象
   2−1　P-N 接合ダイオードの動作原理とリカバリ現象
   2−2　リカバリ現象によって生じる逆方向電流の抑制手法
3. リカバリレス昇圧チョッパ
   3−1　回路構成と動作原理
   3−2　設計手法
   3−3　動作原理

第8章　リカバリレス方式におけるサージ電圧とその対策
1. はじめに
2. サージ電圧の発生原理と対策技術
3. 放電型 RCD スナバ回路
4. クランプ型スナバ

第9章　昇圧チョッパにおけるソフトスイッチング技術の導入
1. はじめに
2. 部分共振形ソフトスイッチング方式
   2−1　パッシブ補助共振ロスレススナバアシスト方式
   2−2　アクティブ放電ロスレススナバアシスト方式
3. 共振形ソフトスイッチング方式
   3−1　共振スイッチ方式
   3−2　ソフトスイッチング方式の比較
4. ハイブリッドソフトスイッチング方式
   4−1　回路構成と動作
   4−2　実験評価
5. まとめ

発行／科学情報出版（株）

著者紹介

原田　高志　日本電気株式会社（NEC）
1983年NEC入社。資源環境技術研究所、生産技術研究所などにおいて、電波吸収体、電磁シールド技術、プリント回路基板のEMC設計技術の研究開発に従事。現在、同社システム実装研究所研究部長。電子情報通信学会、エレクトロニクス実装学会、IEEE各会員。

藤原　修　名古屋工業大学
1973年㈱日立製作所中央研究所入所。1980年名古屋大学大学院博士後期課程修了。現在、名古屋工業大学大学院情報工学専攻教授。放電雑音、生体電磁環境、環境電磁工学に関する研究に従事。工学博士。電気学会上級会員、電子情報通信学会（フェロー）、IEEE、各会員。

高　義礼　名古屋工業大学（執筆時）
1994年北海学園大学工学部電子情報工学科卒業。1999年北海道大学大学院工学研究科システム情報工学専攻博士後期課程修了。名古屋工業大学工学部助手を経て、現在、釧路高専電子工学科准教授。これまでに、医用生体工学、環境電磁工学に従事。

針谷　栄蔵　一般社団法人KEC関西電子工業振興センター
1977年大阪工業大学大学院修士課程電気工学専攻修了。現在、（一社）KEC関西電子工業振興センター技監。EMC計測の調査研究に従事。CISPR/A国内検討委員、日本適合性認定協会（JAB）試験所技術審査員、VLAC試験所技術審査員、NARTE EMC技術者。

橋本　修　青山学院大学
㈱東芝、防衛庁技術研究本部を経て、1986年東京工業大学大学院博士課程修了。現在、青山学院大学理工学部電気電子工学科教授。専門は環境電磁工学、生体電磁工学、マイクロ波・ミリ波計測。電子情報通信学会（フェロー）、電気学会、日本航空宇宙学会、映像情報メディア学会、建築学会、IEEE、各会員。

石上　忍　独立行政法人情報通信研究機構
1990年電気通信大学応用電子工学科卒業。1992年同大学大学院電子工学研究科博士前期課程修了。1997年博士（工学、電気通信大学）。現在、（独）情報通信研究機構電磁環境研究室研究マネージャー。電子情報通信学会、IEEE各学会会員。

山本　秀俊　株式会社村田製作所
1982年大阪大学工学部電気工学科卒業。1982年㈱村田製作所に入社。以後、EMC対策部品の開発と電子機器のEMC対策技術の研究に従事、現在に至る。電子情報通信学会、IEEEおよびエレクトロニクス実装学会会員。

大島　正明　オリジン電気株式会社
1952年生。現在、オリジン電気㈱研究開発本部所属。工学博士（東大）。東京工業大学非常勤講師。電気学会、電子情報通信学会、IEEE、各会員。第1種電気主任技術者資格所有。

小林　清隆　株式会社日立製作所
1983年㈱日立製作所入社。情報制御システム社パワエレクトロニクスシステム設計部所属。モータドライブシステム（インバータ）の開発・設計を経て、現在、パワエレクトロニクス製品の技術取纏に従事。

設計技術シリーズ

電子機器の誤動作対策設計事例集と解説
電磁ノイズ発生メカニズムと克服法

2015年2月23日　初版発行
2016年3月18日　第二版発行

編　者	月刊EMC編集部	©2015

発行者　松塚　晃医
発行所　科学情報出版株式会社
　　　　〒300-2622　茨城県つくば市要443-14 研究学園
　　　　電話　029-877-0022
　　　　http://www.it-book.co.jp/

ISBN 978-4-904774-31-1　C2054
※転写・転載・電子化は厳禁
＊本書は三松株式会社から以前に発行された書籍です。